绿镜头·发现中国
（2013—2016）

许小峰　主编

图书在版编目（CIP）数据

绿镜头·发现中国.2013—2016/许小峰主编.——北京：气象出版社，2017.2
　ISBN 978-7-5029-6203-6

　Ⅰ.①绿… Ⅱ.①许… Ⅲ.①生态环境建设–中国–2013–2016 Ⅳ.①X321.2

　中国版本图书馆CIP数据核字(2017)第037177号

Lü Jingtou·Faxian Zhongguo（2013—2016）

绿镜头·发现中国（2013—2016）

出版发行：气象出版社			
地　　　址：北京市海淀区中关村南大街46号		邮政编码：100081	
电　　　话：010-68407112（总编室）　010-68408042（发行部）			
网　　　址：www.qxcbs.com		E-mail：qxcbs@cma.gov.cn	
责任编辑：侯娅南		终　　审：邵俊年	
封面设计：符　赋		责任技编：赵相宁	
印　　　刷：北京地大天成印务有限公司			
开　　　本：787 mm×1092 mm　1/16		印　张：20.25	
字　　　数：260千字			
版　　　次：2017年2月第1版		印　次：2017年2月第1次印刷	
定　　　价：120.00元			

本书如存在文字不清、漏印以及缺页、倒页、脱页等，请与本社发行部联系调换

《绿镜头·发现中国（2013—2016）》编委会

主　编：许小峰

顾　问：朱定真

副主编（以姓氏笔画为序）：

　　王雪臣　乌兰巴特尔　陈云峰　洪兰江　郭战峰

编　委（以姓氏笔画为序）：

马东雷	王　晨	王　晨(女)	王　婧	王灵玲	王若嘉	王素琴	王敬涛
牛彦元	卞　赟	孔毅民	邓志华	邓敏佳	石　奎	石开银	卢　健
叶海英	申敏夏	冉瑞奎	付晓玉	任福江	华正新	庄白羽	刘　钊
刘　杰	刘　佳	刘　琳	刘　晶	刘喜元	闫素华	汤珺琳	孙　楠
孙玫玲	苏玉君	李　丹	李　昂	李　根	李　傲	李一鹏	李成业
李志宏	李党红	李海青	李新泉	杨　银	杨春竹	杨晋辉	杨笑雯
时艳军	吴　越	余亚庆	汪应琼	宋　瑶	张　永	张　妍	张红平
张玮鸥	张格苗	张晓霞	张海岩	陆　铭	陈　励	陈　悦	陈　磊
苗艳丽	金建德	赵　丹	赵　丽	赵晓妮	胡　亚	胡育峰	柳荟秋
哈布尔	姜　虹	袁长焕	袁迎蕾	高　峰	高　蕊	郭　玲	郭启豪
唐　淼	唐宇琨	黄　彬	黄凯安	黄姿娜	彭莹辉	董　青	曾　涛
谢　盼	赖　敏	雷　燕	雷小斌	潘继鹏	薛志华		

序言

"绿镜头·发现中国"系列采访活动（以下简称"绿镜头"活动）作为气象部门积极参与绿色发展的品牌活动，一直致力于深入报道各地推进生态文明建设的探索和实践，以新闻眼光关注生态，从经济社会发展视角解读生态，倡导尊重自然、顺应自然、保护自然的生态文明理念，呼吁全社会共同保护我们的美丽家园，为国家推动形成绿色生产生活方式提供舆论支持。

"绿镜头"活动开始于2013年5月。4年来，能坚持沉下去、走过来很不容易。它最初就像一粒种子，在《中国气象报》社和各媒体的共同培育下，开始萌芽、开花、结果。活动团队从最初由两三人组成的一支平面媒体报道小组逐渐成长为有专家指导、多家媒体参与、立体化产出的大团队。在活动规模上，与地方各级政府、主流媒体等携手合作，用笔和镜头，以记者的观察与思考积极向社会展示气象服务生态文明建设的探索与实践，唤起更多人对建设美丽中国的认知与担当。

在这4年里，"绿镜头"活动已联合中央及地方主流媒体，分赴黑、青、鄂、赣、云、贵等20余省（自治区、直辖市），围绕沙源地生态治理、三江源水资源保护、秸秆燃烧与大气污染、城市"气象病"、京津冀雾和霾成因、东北粮仓生态保护、湿地保护、海洋生态建设、气候旅游资源开发、美丽乡村建设等生态文明建设的多个领域进行了深入采访和大规模宣传，取得了可喜的成效。

特别是2016年，在3月23日"世界气象日"举办了当年活动的启动仪式，《人民日报》《光明日报》等数十家媒体进行了报道，向政府、部门、公众传递了信号，引发关注。之后，天津市委宣传部、宁夏回族自治区党委宣传部相继与中国气象局联手，将活动推向高潮。"绿镜头"活动还得到中国清洁发展机制基金项目的资助，并获得"第二届中国报业新闻社会活动优秀案例"二等奖。更重要的是，"绿镜头"活动被写入《中国应对气候变化的政策与行动2016年度报告》。

回顾过去，党中央、国务院高度重视生态文明建设。2016年12月，习近平总书记在全国生态文明建设工作推进会上做出重要指示，生态文明建设是"五位一体"总体布局和"四个全面"战略布局的重要内容。各地区、各部门要切实贯彻新发展理念，树立"绿水青山就是金山银山"的强烈意识，努力走向社会主义生态文明新时代。李克强总理也指出，生态文明建设事关经济社会发展全局和人民群众切身利益，是实现可持续发展的重要基石，他希望牢固树立新发展理念，以供给侧结构性改革为主线，坚持把生态文明建设放在更加突出的位置，依靠全社会的共同努力，促进生态环境质量不断改善，加快建设生态文明的现代化中国。国务院于2016年12月5日印发的《"十三五"生态环境保护规划》也提出，加强生态保护与修复，严密防控生态环境风险，加快推进生态环境领域国家治理体系和治理能力现代化，不断提高生态环境管理系统化、科学化、法治化、精细化、信息化水平，为人民提供更优质的生态环境。

气象与生态环境有着密不可分的联系。气象部门正在气象防灾减灾、应对气候变化、气候资源开发利用、气候可行性论证、人工影响天气、大气环境气象条件评估等领域全方位服务于生态文明建设，努力为生态文明建设提供保障与服务。

中国气象局已经把"绿镜头"活动纳入中国气象局宣传科普工作的重要内容，成为气象部门推进生态文明建设的一个重要行动。我相信，在全体参与者的持续努力下，在众多媒体的关注和大力支持下，"绿镜头"活动将会更加深入地发展下去，并在全社会产生更广泛的影响。

2017年2月20日

行程

2013年

2014年
内蒙古呼伦贝尔→河北→黑龙江→新疆克拉玛依→湖北神农架→海南→云南漾濞

2015年
江西→贵州→内蒙古赤峰→吉林→内蒙古鄂尔多斯→福建

2016年
广西→天津→宁夏→陕西商洛→辽宁

目 录

序言

2013年
- 001
- 002 谁在"主宰"沙尘暴？
  ——浑善达克沙地生态治理调查与思考
- 010 掀起你的盖头来
  ——三江源生态环境保护与建设探寻
- 017 山洪咆哮为哪般？
  ——南方丘陵地区山洪灾害防治的解读与思考
- 024 秸秆，何时才能告别焚烧
- 030 留住最后的河流
  ——河西走廊三大内陆河变迁与气候影响调查
- 037 为城市"气象病"研制"疫苗"

2014年
- 045

第一站：内蒙古呼伦贝尔
- 046 珍爱绿色，可持续发展的生命线
- 053 将生态作为发展的重要前提
- 056 小平台 大作用
- 058 呼伦贝尔：美丽与发展双赢

第二站：河北
- 065 怀揣生态之忧 激活生态自觉
- 070 "反哺"衡水湖
- 074 生态之村"前南峪"的故事

078 "红和绿"一搭 发展"顶呱呱"

第三站：黑龙江

082 拜泉：一个发展生态农业的样本

085 离乡，是另一种回归

088 从标准到精准 争取创出个样本

　　——感受发展中的五常市现代农业

091 是什么成就了五常大米

第四站：新疆克拉玛依

094 "绿镜头"看上"黑油山"

096 "不让一滴油落在地上"

099 沙漠边缘的绿色奇迹

102 油田开发到哪里，气象服务就做到哪里

第五站：湖北神农架

105 神农架上的科学奇观

108 从木头经济转向生态旅游产业

　　神农架在保护与发展之间寻找富民之路

113 气象成为湖北生态文明建设的助推器

116 气候生态品质溯源 高山绿茶的"智慧"标签

第六站：海南

119 红树林：海洋生态的绿色生命链

122 海南：传统乡村的美丽蝶变

128 海防林：千里海疆的绿色长城

132 志愿护林员：热带雨林就是我们的手和脚

第七站：云南漾濞

136 漾濞，一个山区小县的富民突围路

142 七彩云南的底色

149 风能资源开发的收获与困扰

155 县域经济突围 先让人民富起来

159 2015年

第一站：江西

160 鄱阳湖生态经济区：如何在青山绿水间崛起

165 龙虎山大打绿色生态牌

167 星子：桃源故里的绿色故事

169 守住最美仙女湖

第二站：贵州

171 "穷山恶水"到"丰山秀水"的华丽转身

174 都匀毛尖，百年世博名茶的生态布局

179 贵州：以生态底色绘就发展蓝图

184 遵义：红色之都里发现绿

第三站：内蒙古赤峰

187 敖汉小米如何悉出自然

189 阿鲁科尔沁旗："中国草都"是怎样炼成的

195 气象卫士守护古老沙地云杉

199 寻找绿色赤峰背后的秘密

第四站：吉林

201 "东北绿肺"深呼吸

206 长白山54年无重大森林火灾的背后

209 让气象服务永驻白山松水间

第五站：内蒙古鄂尔多斯

215 农牧民离不开的好帮手
　　——杭锦旗气象局服务农牧业纪实

217 释放民运会的"礼包"效应
　　——康巴什新区文化旅游活动民族风愈浓

220 探寻萨拉乌苏湿地"生命"的传奇

222 立足需求　服务生态建设

第六站：福建

225 福建海洋生态修复整治探访
　　——迈向蔚蓝的脚印

232 乌山天池：保护走在开发前

234 一溪碧水的两面
　　——记武夷山九曲溪山洪防治

239　2016年

第一站：广西

240 "美丽南方"的特色生活

244 "生态旅游"到脱贫致富，哪些准备要做好？

249 广西乡村：守着绿水青山　摆脱了穷日子

256 医好"地球之癌",绿了山林,富了老乡

第二站:天津

259 北大港湿地:挑剔鸟儿的中意之地

263 气象研究"献计"城市建筑节能

266 天气预报精细到社区 绘制城市内涝区划图
——天津气象服务体贴入微

270 以克论净,让垃圾走上"智能"路

第三站:宁夏

273 把"自然"还给自然
——白芨滩保护区见闻

276 贺兰山麓葡萄壮 馥郁果香醉人来

281 沙坡头:从"魔鬼城堡"到"生态典范"的奇迹

285 西吉县脱毒种薯"成长记"

第四站:陕西商洛

288 立足生态文明 商洛从山水中寻求发展

291 商州区上河村的"绿色银行"

293 一个人大代表的秦岭梦

296 江山村的生态经济学

第五站:辽宁

298 重拾莲花湿地"生态瑰宝"

300 "三十年前的辽河,现在又回来了!"

302 盘锦湿地的生态密码

305 现代生态农业的奥秘

绿镜头·发现中国
（2013—2016）

2013年

谁在"主宰"沙尘暴？
——浑善达克沙地生态治理调查与思考

每年春季，风会如约带来春天的气息，而通常会如期造访的瀚漠来客——沙尘暴，也带给人们不少隐忧。

的确，前些年接二连三、铺天盖地的沙尘暴让人们不堪其苦，北京、天津等许多大城市的居民祈求着"无沙的春天"。

如今，我国北方不少地方的人们有一个同感：沙尘天气减少了。监测结果也支持这一点。从历年统计资料来看，我国沙尘暴呈现波浪式递减趋势，特别是十几年来，长期肆虐我国北方地区的沙尘天气发生频次和强度都处于近50年来的较低水平。2012年春季北方地区平均沙尘日数仅有2.1天，为1961年以来历史同期最少值。

采访组在巴格额仁嘎查采访当地牧民
青格勒图／摄影

2013年沙尘暴发生情况如何？中国气象局的监测结果显示，截至采访，全国仅出现8次沙尘天气过程，其中，北京出现了3次。无论是次数、规模或危害程度，较高发期均明显减少。

沙尘天气少了，防沙治沙起到了多大作用？到底是谁在"主宰"沙尘暴？逆着沙尘行进轨迹，记者踏访了京津风沙策源地之一的内蒙古浑善达克沙地。

风沙源里探嘎查

春风吹开了冰封的大地，冰雪尚未完全消融，浑善达克沙地只是打了个盹儿，似睡非睡，然而在暗黄色的大地下却已萌动着又一季的风吹草低。

车行至伊和塔拉嘎查（蒙古族的行政村），眼前出现一排排整齐划一的小院，这是一个生态移民聚居点，也就是转移禁牧区。牧民们由原来在草原上散放牲畜变成现在的圈养牲畜。

一下车，嘎查主任巴亚尔就领着记者参观起奶牛养殖标准化棚圈、奶站、兽医站、青贮窖等设施，这里俨然已是一个现代化的奶牛养殖基地。巴亚尔告诉记者，牧民们原来都是在草原上扎蒙古包进行游牧，大伙儿为了多赚钱都攀比着多养牲畜，结果草不够吃，草场沙化严重，一年到头挣不了几个钱。如今，大家都住进了水、电等基础设施齐全的房子里，从散养肉牛变为圈养经济价值更高的黑白花奶牛，还有政府按人头每年发放3000元的补助，日子越过越有滋味。

在嘎查图书室，记者见到了前来借阅的牧民仁青道日吉和苏伊拉。他们笑呵呵地说，现在不像以前放牧时那样日晒雨淋了，每月收入能达四五千元，闲暇时间还能到旗气象局援建的图书室、健身场、活动室参加一些文体活动。

而在离伊和塔拉嘎查不到半小时车程的巴格额仁嘎查则是另一番景象。这个嘎查的党支部书记朝格图说，现在是草场返青期，牲畜都关在圈里呢，要等到6月份才赶到草场上散放。

朝格图介绍，这里曾是旗里最贫穷的嘎查之一。全嘎查有40多户人家，目前以养牛为主，各家都有草场，并有一个集体牧场，人均年收入在万元以上。朝格图回忆道，10年前，当地牧民最愁的是干旱少雨天气，风沙大则牛羊少、收入低。最近这几年雨水好、风沙少，草长得一年比一年好，虽说按照要求牲畜比以前养得少

了，但收入增加了，每年政府给的3000元补助能占到年收入的三分之一。

牧民宝力德是这一政策的受益者，他说："我们家三口人，总共能拿到9000元的补贴。虽然草场小了，养的羊也少了，可是我们的收入不受影响。草场好了，我们有了更好的发展空间了。"

天苍苍，野茫茫，蒙古族的长调依然悠扬，唱响的却是草原新曲。风沙源里的嘎查，嘎查里的牧民，牧民们珍爱的牛羊儿都在悄然发生着变化。说起两个嘎查的新变化，朝格图和巴亚尔都不约而同地说这是国家开展的风沙源治理工程让他们得了实惠。

沙丘，不再躁动

伊和塔拉和巴格额仁两个嘎查位于内蒙古自治区锡林郭勒盟正蓝旗，这里地处浑善达克沙地腹地。浑善达克沙地是离北京最近的沙地，也是京津风沙源治理的主要区域。20世纪末，这里的流动沙丘面积占9.3%，半固定、半流动沙丘达51.7%，固定沙地占38.9%。

"风大沙多，干旱少雨，草场退化沙化严重，自然灾害频繁。"旗政府办公室副主任阿拉腾高娃这么形容10年前当地的生态环境。

"防沙治沙不仅要还北京一方蓝天，也要给牧区发展一个空间。"正蓝旗农牧局副局长张继说，沙区不仅生态脆弱，经济也很落后，农牧业生产受自然条件的制约大，农牧民生计问题也很突出。治沙与治穷能否兼顾？生态建设与经济发展能否双赢？

根据草场生态状况的不同，正蓝旗将全区牧区划分为两类，即转移禁牧区和调整休牧区。巴亚尔所在的伊和塔拉嘎查属于转移禁牧区，正蓝旗对包括此嘎查在内的31个嘎查（村）实施了移民搬迁，禁牧草场面积205万亩[①]。通过生态移民，搬迁后的草场得到休养生息，恢复率85%以上，产草量由2001年的200万斤[②]提高到900多万斤。迁居的牧民人均年收入从搬迁前的1500元增加到6700元。

而朝格图所在的巴格额仁嘎查被旗里划为调整休牧区。所谓调整休牧区就是对

[①] 1亩≈666.7米^2，下同。
[②] 1斤=500克，下同。

生态环境退化沙化相对较轻，草场尚有一定生产能力的地区，推行休牧政策，使草场得以自然恢复。目前已对1356万亩退化沙化草场实施休禁牧。资料表明，休牧区牧草平均高度达30厘米，平均盖度达70%，较非休牧区分别高80%和90%。

浑善达克沙地沙丘移动不明显，沙地治理成效明显——内蒙古自治区气象局发布流动沙丘定位观测数据显示，这里的沙丘也从躁动变得安静。

由国家林业局和中国气象局提供的资料表明，京津风沙源治理工程实施以来，工程区生态环境好转，沙尘天气减少，沙化土地扩展趋势基本得以遏制，呈现出林草植被增长、农牧民收入增加、社会可持续发展能力增强和沙化土地减少的良好局面。

从全国来看，开展了包括京津风沙源治理在内的生态治理工程，防沙治沙工作取得明显成效。2001年前后，我国沙化土地面积出现拐点，由此前年均增加3436千米^{2}沙地变为年均减少1717千米^{2}沙地，相当于由每分钟增加10亩沙地变为每分钟减少5亩沙地。国家林业局防沙治沙办公室高级工程师王信建表示，十几年来，长期肆虐我国北方地区的沙尘天气得到很大缓解，沙尘天气发生频次和强度都处于近50年来的较低水平。

"风沙源治理的成功实践就在于将原来单纯地'就治沙抓治沙'，变为'把治沙与治穷、生态建设与发展经济结合起来'。在治沙的同时因地制宜搞发展，实现生态、生产双赢。"专家称。

沙地"掘金"的不变规律

在生态环境脆弱的沙地"掘金"，自然要遵循一定的自然规律。在锡林浩特国家气候观象台，台长王英舜向记者聊起了一件有关"紫花苜蓿"的事儿。紫花苜蓿是蛋白质含量很高的优质牧草，但作为一个外来品种，它是否适应当地的气候条件？锡林浩特观象台为此开展了引种栽培研究，并结合光、热、水等气候条件提出：南部地区气象条件基本满足紫花苜蓿生长需求；中部偏南地区在人为干预条件下也能满足种植需求。依托研究成果，当地气象部门和农牧业部门签订了种植紫花苜蓿的合作协议，紫花苜蓿就这样走进了锡林浩特的南部牧区。

紫花苜蓿牵出一个气候环境话题。"浑善达克沙地上的草场具有多样性，都有各自的小气候、小环境，如果不考虑气候条件、土壤和植被条件等因素来发展农牧业，肯定是行不通的。"张继介绍道，旗里依据不同的气候生态环境，对牧场进行分类：一个是禁牧区，以养牛为主，通过天然草场实际产草量合理确定载畜量，每150亩草场养1头牛；另一个是草畜平衡区，每50亩草场养1头牛或每25亩草场养1头羊。"风沙源治理尤其要尊重自然规律，依据气候条件安排植树造林。"锡林郭勒盟林业局副局长李福生总结道。就拿沙地上植树造林为例，要根据生物气候带的特点，确定乔木、灌木和草的比例及其种类和时空配置结构。在沙尘源区特别要增加灌木和草本组合；要充分发挥生态系统自然修复功能，充分利用对当地生态条件长期适应的本土植物。在荒漠化地区和荒漠化地区边缘地带有条件的地段营造农田防护林、草原防护林等防风固沙林。通过科学开展防沙治沙工作，浑善达克沙地植被状况明显好转，长420千米、宽3千米、横跨5个旗县的浑善达克沙地南缘防护体系初步形成，有效抑制了沙地南移。"再完美的治理，也消灭不了沙地，要尊重气候规律，尊重生态的多样性和生物的多样性。"内蒙古自治区生态与农业气象中心高级工程师王永利说。

沙尘暴并不是孤立存在的，它和其他许多自然现象相互关联、互为因果。而这些自然现象也并非对人类都是不利的。假如我们消灭了（实际上永远不可能）世界上的沙尘暴及其源头的沙漠干旱地区，那么也就消灭了地球上的多种自然生态，绝灭了适应干旱气候的一切物种，并会引起全球所有自然系统的更加可怕的反应、报复，甚至引发难以想象的灾难。因此，王永利认为："风沙源治理，治的不光是沙尘暴，保持当地生态稳定度，这才是最重要的。"

一个绕不开的气候资源承载力话题

"从气候承载力出发，沙地的气候生态环境能支撑什么就支撑什么，有专家突出'宜林则林，宜草则草'，我认为还得加一句：宜荒则荒。"王永利从气候资源承载力的视角来阐述防沙治沙工作，"大自然不让一个地方长草，就不要硬栽。不是所有地方绿起来之后，都是好的生态。"他认为这是对尊重自然规律、因地制宜的另一种解读。

地球表面本就是由不同尺度的自然带控制的，大尺度的气候带决定了一个地区最基本的气候区划状态，如热带、温带、寒带等。小尺度的气候带是按地貌、植被、气温、降水等划分的自然区域，比如按不同的降水量，我国可以分成湿润区、亚湿润区，干旱区、半干旱区等。一个地区是否成为干旱区和沙漠，最根本是由这一区域的降水量决定的，因此，从这个角度说，如果大的气候条件不变，沙尘暴或者沙漠是不具有毁灭性的，因为自然已经为其划定了界限。"气候可行性论证其实更应当运用在生态建设中。"王永利认为，利用一个地区范围的气温、光照、降水量、风力等气象资料做气候潜力分析，指导生产发展和生态建设是很有意义的。人类活动要根据气候生态的承载能力来安排，要根据自然规律的要求来治理风沙源，再也不能把人与自然对立起来，搞"向沙漠进军"和"人定胜天"那一套。尤其是在生态脆弱地区，人类的经济活动一旦超出了气候环境制约和资源约束，必将导致生态环境的恶化。

古已有之的沙尘暴作为一种自然现象，是地球自然生态系统不可或缺的一部分，人类不可能完全避免沙尘天气。但同时它也是一种人文现象，人类活动的加剧会破坏原有的地表植被，从而提高沙尘天气发生的频率，加重沙尘天气发生的程度。"造成沙尘暴的天气过程是人类无法控制的，但地面的沙化过程则可以通过改善人类活动加以控制。要减少沙尘物质的供给，减轻其危害。"许多专家认为。

沙尘暴本身也是个环境气象问题。"丰富的沙尘源、强风和极不稳定的大气层结是引发沙尘暴的三个不可或缺的因素，后两者主要与气象条件有关。也可以说大气环流在一定程度上'主宰'沙尘暴。"中央气象台天气预报室博士张恒德说。当前，最为紧迫的应当是加强沙尘暴防治重大科学问题的研究，认识和掌握沙尘暴的形成与演变规律，并进行风沙源区的气候资源承载力研究。

不该降温的"治沙热"

"两年后，我们的生活就成问题了，牲畜养得少，外出打工也老了。"朝格图抽着烟，望向远方，向记者述说了他的隐忧。由于政府和调整休牧区的牧民签订的是为期5年的合同，每年3000元补助只发放到2015年。所幸的是京津风沙源治理二期工程即将启动，朝格图和牧民们有望继续得到生态补偿。

阿拉腾高娃认为，通过几年的休牧禁牧和草畜平衡制度的实施，草原生态环境得到了明显改善，促进了草原畜牧业的可持续发展，但农牧民付出了极大的代价。

虽然国家生态补助奖励机制的实施发挥了重大作用,并能进一步使休禁牧工作制度化,但若想让此制度形成长效机制,只有连续建设和稳定投入,建设成果才能长期得以巩固。

防沙治沙,不进则退,在这样一个关键时期,若后期建设跟不上,将会前功尽弃,而农牧民依托生态建设项目刚刚发展起来的后续产业也会受到影响。沙尘天气少了,不能见好就收,生态环境建设是一个系统工程,缺少哪一环都不行。从某种意义上来说,"治沙热"还需升温。"好像沙尘暴热已经过去了。前些年,人们谈沙色变,政府和社会关注度大,监测站点建得多,连韩国也来中国参与监测。这些年,沙尘天气少了,重视程度少了,感觉对沙尘暴的研究发展力度比较弱。"一位气象科技人员说。"沙尘暴热"已降温,但相关气象服务的社会需求却很大。"对沙尘暴的预报,时间提前量越多越好。"张继说。"锡林郭勒盟20多万千米^{2}的土地上,就三四个沙尘暴监测站点,覆盖面太小,政府投资太少。"李福生说。

沙尘暴,未曾完全揭开面纱

"成功的沙尘暴预报是建立在海量的监测数据上的。"张恒德说。目前,中国气象局在中国新疆、甘肃、内蒙古以及蒙古国等沙尘暴发生和移动路径地区先后建立了包括10个中韩沙尘暴联合监测站在内的29个沙尘暴观测站。但受条件所限,无法建立完善的沙尘暴预报计算模型。也就是说,以目前的气象科技水平,尚不能做到完全揭开沙尘暴的面纱。

"沙尘暴预报还很难达到精细化程度。"内蒙古自治区气候中心高级工程师冯晓晶说,目前对于沙尘天气预报还只是定性的过程和落区预报,缺乏系统配套的定时定点及其强度的数值预报方法,对沙尘暴的形成和发展机理还要进一步研究。

专家指出,目前常规资料的时间分辨率还难以捕捉和追踪那些由中尺度系统引起的造成严重灾害的强沙尘暴源地及其动态和强度变化,因此,加强探测手段是十分必要和紧迫的。除了建设国家级沙尘暴监测预警服务业务系统外,应针对重点地区逐步建立省一级甚至延伸到地、县级的实时沙尘暴监测预警服务业务系统,并且要扩展预报预警的服务手段和途径。

包括沙尘暴监测预报在内的生态气象业务都面临着缺人、缺钱、缺技术的问题。"生态气象业务系统在站网布局、监测项目设置、仪器设备配备等方面存在许多不足。如在湿地、水体、森林生态观测以及通量观测等项目上，缺少先进的仪器设备，使一些监测项目（要素）无法开展。"一位气象科技人员坦言。

内蒙古自治区利用飞机、火箭、烟炉等技术手段年均增加自然降水20亿米^{3}以上，相当于40座中等水库的库容量。可问题在于，近年来气象部门服务于生态建设与保护的投资并未纳入生态建设工程之中，人工增雨技术装备建设及相关非工程类措施因资金制约而受到影响。

生态文明建设，科技是基础。研究生态问题，更要关注大气圈、生物圈等多方面已经发生或可能发生的变化，这一切都离不开坚实的科技支撑。强化生态文明建设领域的科技创新能力建设，加强基础科学研究和技术开发，切实提高预测预估、影响评估的科技水平，已成为一个迫在眉睫的现实问题。

2013年

掀起你的盖头来
——三江源生态环境保护与建设探寻

三江源，被誉为"中华水塔"——长江、黄河、澜沧江三大河流的发源地，中国乃至东南亚国家生态环境安全和区域可持续发展的生态屏障。它因被称为生态"处女地"而享誉天下，又因生态曾"重病缠身"而为人所知，它还因承载"新世纪中国生态1号工程"而备受瞩目。

在三江源生态保护和建设工程一期收官、二期启动之际，记者带着几分凝重，又带着几分好奇，去掀开"冰山"一角，探一探它的"庐山真面目"。

三江源自然保护区
孙楠/摄影

一幅大美的生态画卷

5月,绵延起伏的青藏高原从长达7个月之久的冷季中渐渐走出。行驶在三江源自然保护区的道路上,放眼望去,群山之巅的白色"头巾"大多尚未褪去,冰封的积雪在慢慢消融;茫茫山地、草原泛出了绿色,零星的五彩小花时不时地探出头来;湿地、湖盆清凌凌地泛着光,倒映着清澈的蓝天和似乎触手可及的白云;四面八方的牛羊在耀眼的阳光下悠然自得地跑着、躺着、吃着……三江源,看上去真的很美。

地处我国青藏高原腹地的三江源自然保护区,平均海拔超过4000米,总面积39.5万千米^2;源区河流密布,湖泊与沼泽众多,雪山、冰川广布,湿地面积达7.33万千米^2,占总面积的24%。它是长江、黄河、澜沧江生态系统最敏感的地区,也是世界上高海拔地区生物多样性最集中的地区。

记者看到一只比孔雀小、比鸡美的黑褐色动物飞快地穿过公路向山上飞奔。紧接着,在远处的沼泽里,好似一对情侣的两只黑头、白身、黑尾的动物又跃入眼帘。同行的玉树藏族自治州气象局土生土长的藏族小伙子、司机尕才对记者说,刚刚跑过去的是国家二级重点保护动物秃鹫,专吃哺乳动物的尸体;远处的那一对是黑顶鹤,国家一级重点保护动物,是世界上唯一生长、繁殖在高原的鹤类,也是中国特有的珍贵鸟类,它们确实像鸳鸯一样成双成对地出现。仔细看看,在更远处的洼地里,还悄悄地藏着好几对儿呢。正说着,路边闪过一只猫一样肥大的"老鼠",尕才说,那是旱獭。

玉树藏族自治州气象局局长塔巴扎西告诉记者,三江源生态环境保护与建设工程实施以来,源区生物多样性逐步恢复,野生动物种类明显增多,栖息活动范围扩大。"这还不是三江源区最好的季节。"尕才接着说,"再过一个月,漫山遍野的嫩绿牧草变得丰满,其间还夹杂着五彩缤纷的鲜花,更是美不胜收,让你流连忘返。"

傍晚时分,汽车驶入了玉树藏族自治州气象局。此时,厚厚的云层死死地将蓝天包裹了起来,天空呈现出另一种苍凉的美。不一会儿,"吧嗒吧嗒"的雨滴重重地打在即将搬迁的临时板房上。

记者了解到,三江源区气候为典型的高原大陆性气候,无四季区分的气候特

征，表现为冷暖两季交替、干湿两季分明，年温差小、日温差大，日照时间长，辐射强烈。冷季为青藏冷高压控制，时间长、热量低、降水少、风沙大；暖季受西南季风影响，水汽丰富、降水量多，约占全年的75%，夜雨量则达55%~66%。高原空气稀薄，植物生长期短。

三江源区独特的天气气候条件孕育了大山、大江、大河、大草原、大雪山、大湿地、大动物园这些原生态的自然景观。不难想象，进入暖季多雨期，有了雨水的滋润，牧草会迅速变得丰满茂密，原生态的景观和博大精深的宗教文化、多姿多彩的民俗风情一起，构成一幅富有意境的大美画卷。

大美之中露出"疮痍"

从玉树州政府所在地去往隆宝滩湿地，原先的柏油马路全都成了单行线，沙土、石子构成了另半边的路。

人类现代生活对生态的影响和破坏毋庸置疑。在三江源区，骑着电动车、摩托车甚至开着汽车放牧的牧民大有人在。时不时可以看见路边停放着的车辆，有单个儿的，也有三两个聚在一起的。据尕才介绍，三江源地区很多牧民都很富裕，经济来源主要靠挖冬虫夏草和畜牧养殖，大多数牧民边放牧边挖虫草，眼下正是挖虫草的季节。现在，养殖一头牦牛可卖1万多元，一头羊也值1000多元。可是草原上常常有狼把羊吃了，越来越多的牧民以养牦牛为主，赚了钱，尝到了甜头，便越养越多。这就印证了三江源生态恶化的原因之一：过度放牧使牧场植被稀疏低矮、根系变短、根量变少，致使水土流失和荒漠化。

途中，看到几处山体岩石的颜色上浅下深，明显不同，一条清晰的横线犹如一道分水岭。塔巴扎西介绍，这是冰川消融留下的印记。

记者在一份资料上看到，整个三江源地区，冰川资源总量为2000亿米^3。由于气候变化，自1966年以来，黄河源头冰川退缩面积比例最大达77%。长江源头的756条冰川，绝大部分表现为"后退"，其中两条已经消失，最大的色的日峰冰川近30年面积减少了21.9%。

敲开附近一户牧民家的门，一位老牧民比画着向记者说道，他就出生在这里，今年（2013年）64岁，从未离开过。过去，推开家门就能看见周围山峰上整齐排列的冰川，后来，大约是20个世纪80年代以后，冰川越来越少，似乎在不知不觉间就消失了。

中国科学院的一份报告说，近40年来，三江源区气温显著升高，累积升温在0.3~0.92 ℃，其中，黄河源区增温幅度最大，长江源区略小于黄河源区。三江源区平均升温0.7 ℃，高于全国平均升温幅度（0.4~0.5 ℃），也高于青藏高原平均升温幅度（0.6 ℃），可以认为是我国升温幅度较大的区域之一。气候变化导致冰川消融，继而又导致水土流失、干旱频发、土地肥力丧失，三江源生态环境遭到破坏的另一重要原因之一便是气候变化。

坐在隆宝滩自动气象站附近凸凹不平的草地上，记者与另一位牧民攀谈起来。50岁的他也是生长于此，目睹了牧场退化、土地沙化、湖泊干涸。他说，他家住在路对面的山边，我们坐的这个地方原来是一大片沼泽湿地，水很多，常常将草地淹没。原先看见涨水，就知道天要下雨。而现在，这里成了草场，只剩下附近一摊一摊的水，不管雨怎么下，也形成不了湖面了。

记者在三江源自然保护区采访
金泉才/摄影

在辽阔草原的绿色之中，时常会见到一片片牧草稀疏甚至寸草不生的黑色土地，塔巴扎西对记者说，这就是"黑土滩"——青藏高原上高寒草甸退化而形成的裸露化土地，它像传染病一样四处蔓延、危及周边。更可怕的是，草地退化后，黑土滩上鼠洞密布，各种人畜共患疾病在传播，粮食被损耗，草原和林木被破坏。老鼠还会啃咬电缆，钻入变压器造成短路继而引发停电事故。

牧民们说，越来越多的老鼠破坏了牧场，许多牧民只好外出买草、租草场，这是一笔不小的开支呢！

工程与非工程性"治疗"并举

玉树州林业局副局长扎西旺加对记者说，该州把灾后重建、小城镇建设和三江源生态保护建设融在了一起，在设施建设中考虑生态的保护和建设。其中，通过和气象局合作，加强了森林防火预警及对森林草原覆盖面积等的监测。这几年，三江源区植被得以改观，野生动物明显增多，动植物生物链逐渐恢复。

扎西旺加一边指着山坡上的苗木种栽，一边笑着问记者有没有注意到一个现象，那便是玉树灾后重建所需木材都是从源区外拉进来的，有的甚至是从外省运来的。他指着刚刚驶过的一辆装满木材的卡车说："过去，都是往外拉木材，源区树木砍伐严重，森林面积减少。三江源生态保护和建设工程启动以后，禁止砍伐，森林资源被封护管理，就连玉树灾后重建也都没有了'自产自销'。"政府对三江源生态环境保护和建设力度之大可见一斑。

说起源区生态环境保护和建设工程及其取得的成效，不得不提到人工增雨。

青海省三江源办公室专职副主任李晓南说，人工增雨工程是三江源生态环境保护与建设工程的一项子工程，对恢复三江源生态起到了积极的、重要的、不可替代的作用，对三江源生态环境的改善功不可没。为此，"三江源自然保护区人工增雨工程"获得国家发改委颁发的2011年度国家优质项目投资奖。

通过科学分析评价，实施人工增雨工程后的2005—2011年，较之前的2003—2004年，三江源湖泊平均面积普遍增大，扎陵湖、鄂陵湖分别增大29.74千米^{2}和60.26千米^2；草地覆盖度提高，产量增加效果明显，低覆盖度草地减少，中覆盖度草原持平，高覆盖度草地以每年2174.7千米^{2}的速度增加，单位低等级产量的牧草面积趋于减少,中高产量的呈增多趋势。2006—2010年,三江源地区人工增雨共增加降水量418.1亿米^3,江河源径流量增加,水资源短缺状况有所改善,黄河已连续10年保持了不断流,龙羊峡到青龙峡间的12座水电站增加发电量达到302亿千瓦时。

李晓南表示,在三江源生态环境已是"遍体鳞伤"的情况下,恢复起来不可能一蹴而就,整体上的改善在某个局部看来,变化可能并不大。三江源自然保护区生态环境与建设一期工程应该说是一个"抢救性"的工程,是对严重的湖泊干涸、草场退化、土地沙化等进行遏制,工程中还包括退耕还林(草)、生态移民等其他7个子工程。"药方"虽多,但满目的疮痍不可能一次性全面治愈,后期"治疗"还得跟上才行。

三江源生态保护除了工程性措施外,政府还采取了一些非工程性措施。记者来到玉树州的一座寺庙,找到仍在这里的临时板房里办公的州环保局。一位负责同志说,政府主导采取的一系列措施,确实对三江源生态环境破坏起到了遏制作用,这些都是有数据对比的。还有一些非工程性的措施也对生态环境保护起到了很大的作用,比如,青海省政府从2006年起对三江源地区不再考核GDP,而把生态保护和建设列为三江源区各级政府的主要考核内容;通过近几年的生态保护宣传,农牧民的生态意识明显增强。据他介绍,玉树州有好几个民间环保组织,无偿监护生态环境。人为破坏的,他们会主动交涉;发现新的生态问题,他们会向环保部门报告。

抢救性与预防性保护并重

记者从青海省发改委农村牧区经济处获悉,三江源生态环境保护和建设一期工程总投资75亿元,已全部完成"使命";2013年启动二期工程,总投资规模超过一期,力争翻番。工作人员介绍,二期生态保护和建设工程分别涉及草原、森林、荒漠、湿地与河湖生态系统,以及生物多样性保护等领域,8项生态保护支撑配套类工程涉及生态畜牧业、农村能源建设、农村饮水安全、生态监测、基础地理信息系统、科研和推广、培训、宣传教育等方面,规划期限为2013—2020年。

据青海省气象科学研究所所长李凤霞介绍,一期工程实施初期,他们争取到生态保护和建设总体规划科研课题及应用推广项目"三江源湿地变化与修复技术研究"中的子项目"三江源区湿地保护修复技术的引进与示范",这个项目不仅对三江源一期工程产生了积极影响，二期工程仍将适用；在已经启动的青海湖生态保护工程中，也在应用。在二期工程中，他们又争取到了新的项目，一个由青海省环保厅牵头的大项目中的两个子项目，继续边研究、边应用、边推广。她说，天气气候与生态环境关系密切，面对生态环境保护与建设，有做不完的事。前面的项目算是抢救性的，新的项目既包含抢救性的又包含预防性的。

记者从2013年初青海省三江源办公室一份三江源生态保护和建设工作汇报中看到，"三江源湿地变化与修复技术研究"成果达到了国际领先水平。

李晓南表示，抢救也好，预防也好，三江源作为气候敏感区，是应对气候变化的主战场，长江、黄河、澜沧江源头的造血功能对整个流域生态的初始作用极为关键，它的生态机理、功能变化，与气象的关系太密切了。如果说一期工程是防止生态环境"恶性"扩散，那么，二期的任务更加艰巨，是在保护中发展、在发展中保护。

资料显示，三江源区阿尼玛卿雪山在2003—2013年间雪线退化30多米，而增加的径流量只占冰川融化的不足10%。李晓南说，冰川是气候变化的调节器，冰川的变化是气候变化的反映，但气候变化到底对冰川的影响有多大还有待研究。

关于二期工程对气象部门的需求，李晓南希望加强国际合作，提升对三江源生态环境保护和建设的科技支撑能力；除工程投入外，还要增加多元化的投入，对三江源生态环境保护和建设进行补偿，打赢这场生态环境保护的持久战。他期待10年之后，能够建立起三江源乃至青藏高原生态环境保护系统，气象部门能够建立起生态环境监测预警子系统，为保护生态环境起到基础性、关键性、支撑性的作用，实现从抢救性保护向预防性保护的转变。

全国政协委员、中国科学院院士秦大河说："三江源人与自然和谐相处的美景，在那片地区虽然还没有完全实现，但看到那里生态文明工程实施的初步成果，看到国家为进一步推进生态文明建设采取的坚定举措。我知道，这番景象将在不远的未来得到实现。"

山洪咆哮为哪般？
——南方丘陵地区山洪灾害防治的解读与思考

"雨急山溪涨，云迷岭树低。"随着南方各地相继入汛，暴雨倾盆，溪沟溢流，泥石流、滑坡等地质灾害屡有发生。

咆哮的山洪似脱缰的野马，释放着巨大的能量，在肆意横行时频出杀招。这个"杀手"有点冷，想当年甘肃舟曲、云南巧家、贵州关岭……一场场山洪地质灾害无情地吞噬了一个个鲜活的生命。近年来，中小河流洪涝灾害和山洪地质灾害造成的伤亡人数约占全国洪涝灾害伤亡人数的80%。"共工怒触不周山引发洪水"，虽是见诸《山海经》的神话传说，却也说明我国自古以来就饱受山洪肆虐之苦。我国是一个多山的国家，山地丘陵约占全国陆地面积的三分之二。受复杂的地形地质条件、暴雨多发的气候特征、密集的人口分布和频繁的人类活动的影响，山洪地质灾害频发。

如何在山洪灾害中让生命免遭劫难？生态环境与山洪灾害有何关系？山洪灾害防治情况如何？我们该采取怎样的行动应对山洪灾害？记者来到全国山洪地质灾害重灾省份之一的江西省开展了采访与调查。这里属于典型的南方丘陵地区，山多、降雨量大，灾害规模虽不及西南地区，但点多面广，以此为样本进行解读与思考，颇具价值。

愤怒的小溪

5月的赣鄱大地，草木葱茏，雨水不断。降雨稍歇，记者启程前往地处赣鄂边界的江西省九江市武宁县。山路盘旋间，不断映入眼帘的是起伏的山丘、连片的田野和静谧的村舍。

车行至澧溪镇罗坪村，我们在一条不知名的小溪边停了下来。"当时这里的水喷涌而出，庄稼全被淹没了。"村支书黄义华指点着。2012年7月在此处暴发的一场山洪灾害至今令他心有余悸。但此时的小溪，水流潺潺，温驯安静。溪水向坡下蜿蜒而去，下游是稻田万畴，炊烟袅袅，难以想象当初山洪滔滔的惊心动魄场景。

"去年7月13日，我县出现局地强降水，县城和澧溪镇街上雨量并不大，但是罗坪村出现了3小时内超90毫米的强降水。"县气象局局长干思燚介绍。所幸在此前两个多月，罗坪村新装了雨量自动监测站。县气象局在监测到该站的强降水后，迅即发出预警。镇、村及时组织了群众转移。山洪发作了2个多小时，房屋、桥梁、道路被毁，但并未出现人员伤亡。事后，澧溪镇党政领导特地赶到县气象局致谢。

"新装的气象设备为防灾减灾提供了科学有效的依据。"镇党委书记段朝武至今仍念念不忘。

在山洪肆虐中保平安，固然值得欣慰，却也引人深思。黄义华就很纳闷，村里这条小溪近年来脾气见长，一下雨就咆哮不已，村道上全是溢水，车辆根本没法通过。

小溪为何突然发怒成为"杀手"？江西省气象台副台长、首席预报员郭达烽认为，由于山地的抬升作用，对流天气容易积聚成降水，带来暴雨的可能性比平原地区大。"山洪具有暴涨暴落的特点，瞬间可以淹没村庄、房屋，极易引发山体滑坡、泥石流等次生灾害，人类在其产生的巨大破坏力面前非常渺小和脆弱。"江西省气象科学研究所副所长、正研级高工单九生说。

国家气候中心正研级高工高歌进一步分析认为，山洪灾害的形成有"老天"的因素：地质、地貌、地形条件、植被覆盖等是内在因素；气候因素是外动力，其中起最大作用的是降雨。降雨强度大小对于灾害是否发生及强烈程度有重要的影响。

还有人为的因素。过度开垦土地、边坡开挖、陡坡开荒、乱砍滥伐等不合理的人类活动，会改变下垫面的自然状况，破坏天然植被，导致生态环境恶化，并使得森林水源涵养能力下降，削弱降雨强度的作用减少，加快山洪形成的时间，并加剧危害程度。

灾害是条链 生态是个圈

"过去山上住人，在山上种玉米、红薯，把树也差不多砍光了。"仰望着绿色山丘，黄义华说。近年来，通过封山育林，山里的植被正在慢慢恢复。"河床已抬高不少了，要清淤了。"过去乱砍滥伐以及不当的农作物种植一度让这里水土流失现象突出。山上的泥土冲刷下来，垫高了河床，淤塞了出水口。

山下，溪畔，一栋栋民房切坡而建，离山坡近在咫尺，有的甚至将山坡切成了小于90度的锐角，看着令人心惊胆战。"山区本来平整的地方就少，这些年人口增加，只能切坡建房了。"黄义华解释道。

不止罗坪村，切坡建房在南方丘陵山区经常可见。"往往在人多地少的山区大量傍山切坡建房，加上修路、矿山开发等行为对地质环境破坏，易成灾致灾。"江西省国土资源厅地质环境处高级工程师纪仁刚说。

"生态环境好、人为破坏少的话，茂盛的植被可以截流一部分流水，也可以减缓水速，不那么快形成径流。"单九生说。

郭达烽指出，过度的人类活动会改变局地小气候，加剧或者说是"放大"山洪灾害的严重程度。他还进一步指出，暴雨诱发的山洪灾害具有链锁性和叠加性，与人类活动相伴而生，与生态环境关系密切。

崩塌、滑坡、泥石流，是暴雨诱发的"三剑客"，常被称为次生灾害，这就存在灾害链。专家称，自然灾害虽无法避免，但可以寻找自然规律，斩断灾害链，避免诱发更多的灾害，有效减少伤亡和损失。

鉴于此，郭达烽认为，在山洪地质灾害隐患区，不仅要调查监测尚未发生滑坡、泥石流的地带，已发生灾害地区的破坏程度以及将来可能发生灾害的危险度，更重要的是考虑今后还可能发生灾害链的情况。

与灾害链相比，生态则是个更大的圈。在这个圈内生存发展，就必须尊重气候承载力和自然规律。类似的经验教训，时刻提醒着我们。

提起甘肃舟曲，人们联想到的是那场泥石流的惊世劫难。其实，在20世纪50年代，舟曲森林覆盖率高，山清水秀，空气湿润。后来，由于大面积开荒、毁林，植被破坏严重，森林覆盖率从67%下降到20%，水土流失严重，人类不得不吞下生态恶化的苦果。

再如云南东川，当地的铜业生产以木材和薪炭为燃料。历经两千多年的铜矿开采和滥伐森林，这里的生态已严重失衡，成为"泥石流博物馆"。

做好生态"加减法"是大智慧。近年来，江西省主动做"减法"，启动地质灾害隐患点移民搬迁工程，从重点隐患点迁出人员超过10万人，全省地质灾害隐患点也从2.6万多处减少到2.2万多处。

必做的"加法"

除了减法，还有必要做"加法"。"山洪往往发生在很小的流域，也就是几十平方公里，以前可能没有监测点。"单九生说。易出现山洪灾害的地区多位于经济基础薄弱的农村。这里往往缺少必要的雨情水情监测设施，无法对山洪灾害进行有效的监测预报预警。

"如果没有建这个自动雨量站，后果不堪设想。"黄义华说，山洪过后，他和村民们总会谈起这一点。2012年，武宁县气象局在全县的山洪地质灾害隐患点安装了31个雨量站。也许是看到了雨量站在防灾减灾中的作用，县气象局在开展雨量站建设时，镇、村干部和群众爽快地对下乡选址的气象局工作人员说，"要哪块地你就挑"。"在山区多建雨量站，对于地质灾害预警的效果是显而易见的，雨量站的建设为我们提供了全省地质灾害隐患点的资料。"纪仁刚说。他指出，从江西省地质灾害的生成规律来看，崩塌、滑坡、泥石流多由强降雨所引发，两者具有较强的相关性。"目前，我省共建成601套自动雨量站，覆盖了全省11个设区市和94个重点防治县（区），覆盖率为100%；建成了省、市、县三级数据处理中心，覆盖率为100%；建设了47个一键式发布的县级气象业务服务系统，年内实现覆盖率100%。"江西省气象局副局长詹丰兴用三个"100%"来介绍正在开展的"山洪地质灾害防治气象保障工程"（简称"山洪项目"）。

目前山洪项目已在全国范围铺开。2011年4月6日，国务院审议通过了《全国中小河流治理和病险水库除险加固、山洪地质灾害防御和综合治理总体规划》。其中防治分为工程措施和非工程措施。工程措施主要包括山洪沟、泥石流沟及滑坡治理、病险水库除险加固、水土保持工程等。非工程措施主要包括防灾知识宣传、监测通信及预警系统、防灾预案、救灾措施、搬迁避让、防灾管理等。

与罗坪村一样，全国各地的山洪项目监测点星罗棋布，同样发挥了不容小觑的作用。全国山洪灾害防治县级非工程措施建设项目在1836个重点防治县得到推进实施，新建雨量监测站点6542个，站点数量和密度增加一倍以上，暴雨监测能力明显提高。

卡片和短信能否撑起安全重任？

"宁肯被群众骂十次，不能看到群众哭一次。"在离武宁约两个小时车程的万载县，县地矿局局长龙成宇说。这是县委、县政府对于地质灾害防御的总体要求。一有灾害预警，首要措施是主动避让，组织群众转移。

有着多年地质灾害防御经验的龙成宇向记者递上了一张"责任卡"，上面列有各乡镇地质灾害分管领导、地矿局工作人员及重点地质灾害防治联系人的姓名和手机号。此外，他们还印制了"避险卡"，一起发放给群众。

尽管该县和全国不少地方一样建立了地质灾害群测群防机制并且取得了明显成效，但是，应当看到当前许多的地质灾害监测是一些针对地表的肉眼观察，对于较远距离的、较高隐蔽性的、较复杂的地质灾害隐患显得办法不多。

纪仁刚说，目前的地质灾害气象预报是根据中、短期降雨趋势预测，以及区域地质灾害易发性、对降雨的敏感度，进行叠加分析得出的。也正因如此，目前的地质灾害预报是区域总体趋势的预测，并受限于降雨趋势预测精度。"连续三天出现强降雨，就考虑发地灾预警。"县气象局局长汤剑保说，语气透着点无奈。现有科学水平，尚无法将经验判断上升为理论依据。当出现可能诱发山洪地质灾害的较长时间强降雨时，两部门将联合发布山洪地质灾害预警预报。

但两位局长也苦恼地表示，由于能力有限，常会产生"空报"。预报的灾害未发生，老百姓一两次转移还能接受，但次数多了，就容易产生侥幸、麻痹心理。

黄义华也说："像'狼来了'的故事一样。等狼真的来了，就已经来不及了。"他兼任村里的义务气象信息员，每当县气象局发来预警短信，就组织村民进行转移。他担心，如果多几次折腾，有些村民们就不愿意转移了。

此外，还有信息传播的"最后一公里"问题。目前，防御山洪灾害的服务手段除了最管用的手机短信外，还有电视、电话等方式。但山区人员居住比较分散，尚存在信息传递的盲区和死角。

而且仅凭"卡片和短信"也撑不起安全预警的重任。近年来，外来人员遭遇山洪灾害袭击的事件屡屡发生，已成为灾害防御的薄弱环节。本地人也许习惯当地的气候，知道大雨很可能带来泥石流，而外来人员可能就没有这种防范意识。那么，当地政府或所属企业是否应该尽告知之责或加以培训？相关部门在制订应急预案，组织撤离、逃生演练时，是否也考虑到他们呢？

问题虽在，却不能因噎废食。纪仁刚认为："从实践来看，专业地质灾害监测没有降雨监测的效果好，成本也要高得多。"诚然，防治结合，还当以防为主。灾前预防不仅比灾后救灾更人道，而且更经济。因此，切不可一味重视"救"，而轻视"防"，更不能陷入"有钱买棺材，无钱买药"的怪圈。

逐步识别山洪的"诡异"

"山洪项目建好后，硬件上去了，就怕软实力跟不上。"汤剑保说。如何防，确是一个大问题。"暴雨诱发的山洪灾害预报还处在边研究边试用的阶段，预报水平还有很大的提升空间。"郭达烽说。就江西来说，在山洪灾害风险区划、山洪灾害临界雨量指标和预报预警模型等方面都开展了一些研究。即便如此，也还远谈不上摸清了山洪的"诡异"个性。

在中国气象局山洪办，专家向记者介绍了山洪与大河流洪水灾害防御的不同之处。大江大河的洪水往往响应时间长、预警期长，有一定的时间采取灾害减轻措施。而山洪则响应快、预警期短，要做到真正意义的水文气象监测预警难度较大，且要考虑到土壤水分等监测信息。

突发性强降水是诱发山洪等地质灾害的直接因素和激发条件，它大多是在中小尺度天气系统里生成。从技术上讲，目前在大范围的天气预报上比较准确，但局部性的、小尺度的预报就比较弱。同时，局部性天气预报在预见期上也不如大范围预报，难以实现较长时间的准确预报。这是一个世界性的难题。

破解难题，行进在路上。风险普查是暴雨洪涝风险预警评估的基础。2013年，中国气象局开展1000多个县的暴雨诱发中小河流洪水、山洪和泥石流、滑坡地质灾害的气象风险普查，并会同水利部门完成214条3级以上河流的水利数据普查。

临界雨量确定是决定能否对暴雨诱发的山洪地质灾害做出科学预警的关键。2012年，中国气象局已经确定致灾临界雨量41947个，其中中小河流洪水4546个，山洪9574个，泥石流12466个，滑坡15361个。

2013年4月21日18时，国土资源部与中国气象局首次联合发布"地质灾害气象预警"。基于基层防灾减灾体系逐步完善和数据库逐步建立，建设风险预警平台也具备了条件。

亟待突围的窘境

"全镇247千米^2，只有5个雨量站，能否再布密一些？"望着罗坪村的雨量站，段朝武说。

在山洪防灾防治的非工程措施方面，突出的问题表现在监测网点少、覆盖面积有限，预测预防难度大，通信预警系统建设还处于起步阶段，防灾知识宣传、防灾管理及救灾措施等有待加强等方面。"如果能够提前做出精准的落区预报，转移人员会更少，防灾成本也会随之降低。"纪仁刚说。

面对呼声，保持清醒的认识很重要。"山洪灾害预报预警，最关键就是两点：准确率和提前量。"郭达烽说。"准确的山洪预报，要有精准的地理信息和水文资料来支撑。"单九生认为。针对山洪灾害这种复合灾害，虽已初步建立水利、国土、气象等部门之间的应急联动机制，但是信息和资源的共享、深层次科研合作和业务平台的联合开发等还有待进一步加强。"原来有32个站点，加上山洪项目新增了17个站点。全局就8个人，安装、维护设备得来回跑。有的点从县城开车出发就要走上一个半小时。"汤剑保说。的确，仅靠县气象局来维持山洪站的正常运行有着现实的困难，人、财、物、技术等方面都跟不上。目前，当地也正在探索气象装备的社会化保障机制。汤剑保认为，长久之计就是要得到公共财政的支持和保障，实现灾害防御的政府化。

同样的问题还出现在基层防灾减灾队伍建设上，全国不少地方政府在农村建立了地质灾害群防群测队伍，并给予监测员一定的经费补助。然而，对于同样处于防灾减灾"第一道防线"的基层气象防灾减灾信息员队伍，各地支持力度不一，发展也不平衡，缺乏长效运行的保障机制。

目前，民政、国土、气象、水文等防灾减灾相关部门都在基层各自设立了信息员或联络员，这就存在着统筹集约发展的问题。专家建议，能否采取"多元合一"的建设发展模式，以利于更充分地发挥防灾减灾效益。

秸秆，何时才能告别焚烧

秸秆焚烧一直是生态环境治理工作的"顽疾"。每到夏收时期，农田内"狼烟四起"，周边空气质量也直线下降。焚烧秸秆带来空气污染、环境破坏等社会问题令人难以回避，而仅依靠行政手段治理秸秆焚烧，费时费力且收效甚微。农民半夜焚烧秸秆，与政府"躲猫猫"的情况也在各地屡见不鲜。

作为公认的可再生能源，秸秆可以采用压制燃料、培育食用菌、制成饲料或沼气等多种方式进行综合利用。近年来，通过大力宣传，公民的环保意识逐渐增强，停止焚烧秸秆的呼声也越来越高。但是由于收集、运输等环节成本较高，秸秆回收利用之路仍不平坦，"一烧了之"的现象还时有发生。如何让秸秆"变废为宝"，考验着各方的智慧。

"昨天夜里烧得太猖狂！黑烟笼罩了整个天空。"6月14日，安徽省宿州市民陈女士针对周边地区焚烧秸秆抱怨道。

记者向工作人员询问"设施农业增温设备"利用秸秆的工作原理和使用方法
张利萍 / 摄影

无独有偶，14日中午，在湖北襄阳机场护栏外围，秸秆燃烧造成了大量浓烟，严重影响了航班起降。

6月18日晚，江苏省连云港市东海县张湾乡焚烧秸秆引起火灾。大火烧了10余个小时，火势蔓延近2000亩。

根据"风云三号"等气象卫星对6月10—16日期间的监测，河南、安徽、江苏、山东等省焚烧秸秆的火点有951个，其中安徽达到555个。

秸秆，虽然被公认为是多用途、可再生的生物能源，却在现实利用过程中遭遇了尴尬。据农业部科技教育司在2010年12月发布的《全国农作物秸秆资源调查与评价报告》显示，我国农作物秸秆可收集资源量为6.87亿吨，其中废弃及焚烧的秸秆约为2.15亿吨，占总量的30%以上。

在能源紧缺的当今，秸秆这种生物能源被当作垃圾白白浪费令人惋惜，"利小害大"的焚烧处理，则更是让人"又气又恨"。

一边是国家三令五申严加治理，一边是农民"打游击"式的"一烧了之"，屡禁不止的焚烧现象凸显了秸秆利用"理想很丰满，现实很骨感"的现状。在这场政府部门和农民之间的博弈中，能否找到生态利益和经济利益的平衡点，成为破解难题的关键所在。

变废为宝，探索秸秆新出路

在河北省曲周县槐桥乡崔赵庄村，农民刘玉生一家已经用上了"生物质烟化集成高热炉"。这种炉具俗称"柴暖炉"，它使用粉碎的秸秆作为燃料，将固体燃料通过裂解热蒸等程序后转化成烟气，达到完全燃烧的目的。通俗地讲，"柴暖炉"就是由一个"吃进去秸秆，吐出来可燃气体"的"气罐"，加一个配套的灶台组合而成的。

"这炉子有三个好处，方便、实惠、做饭快。"刘玉生向记者介绍着柴暖炉的优点，"首先，这炉子随开随用，不用的时候就闷着，也不费柴。其次，燃料都是自家的秸秆，不用花钱买，比烧煤一年能节省1000多元。"柴暖炉的干净、卫生也是无法比拟的优势。"过去的秸秆都扔在路上或者烧了，现在是好东西了，舍不得烧了。"刘玉生对秸秆的态度，发生了180度的转变。

2008年北京奥运期间，为确保空气质量，北京、天津、河北、河南、山东、山西、安徽、江苏、辽宁等省市，曾被列为重点秸秆禁烧区域，实行全面禁烧。严格的措施不仅保证了奥运期间的空气质量，也为秸秆综合利用提供了难得的机遇。很多企业在国家政策的扶植下如雨后春笋般涌出，为这种生物能源的有效利用提供了多种途径。

"通过近年对各种秸秆综合利用方式的不断尝试，目前主要采用直接还田、玉米秸秆防滑垫、生产蘑菇等食用菌、压块燃料和柴暖炉等方式。现在全县95%的秸秆已经得到综合利用，其中种植规模比较大的农户、家庭农场或合作社的秸秆利用率已达到100%。"县工作人员李志民介绍道。

秸秆的综合利用离不开各地政府的支持。南京市2013年市、区两级财政共为秸秆综合利用提供资金3418万元，比上年增长70.8%，其中大部分用于秸秆机械化还田；徐州市对建设各类秸秆收储点进行财政补贴，并免收各类利用秸秆企业基础设施建设的各类地方行政规费；洛阳市则拿出500万元市级财政资金，对秸秆综合利用单位进行补贴；在山东邹城，政府在农民和企业之间、企业和企业之间牵线搭桥，现已建成"秸秆养菇、菌渣制肥、肥育林果"的产业链，将秸秆"吃干榨尽"。

在谈到将秸秆压块制成燃料时，中国农业大学教授、生物质利用专家程序表示非常认可。"秸秆压块可以更加高效地利用秸秆资源，同时也方便运输和储藏。最重要的是，秸秆压块是煤炭等传统燃料的理想替代品，其可再生、清洁、无污染的特点是传统燃料无法比拟的。"程序进一步解释，"目前秸秆压块的热值比煤略低，1千克秸秆压块的热值大概相当于0.8千克的标准煤。不过在配套的生物质燃烧炉中燃烧，秸秆压块的燃烧效率是燃煤锅炉的1.3～1.5倍，因此，秸秆压块与煤的热量利用率基本相当。"

邯郸市农业局新能源办公室主任魏和方多年来一直从事秸秆利用和推广工作。他认为，秸秆将很可能成为稀缺资源。

焚烧秸秆，空气"伤不起"

秸秆是成熟农作物茎叶（穗）部分的总称，通常指小麦、水稻、玉米、薯类、油料、棉花、甘蔗和其他农作物在收获籽实后的剩余部分。

我国对作物秸秆的利用有着悠久的历史。过去由于农业生产水平低，秸秆数量少，除少量用于垫圈、喂养牲畜以及堆沤肥外，大部分都用作燃料烧掉了。

"我小的时候，秸秆都是拿来生火做饭的。"国家气象中心农业气象中心主任毛留喜谈到过去秸秆利用的方式，印象最深刻的还是"烧"。

随着农业生产的发展，自20世纪80年代以来，我国粮食产量大幅提高，秸秆数量也随之增多。加上省柴节煤技术的推广，燃煤和液化气的普及，使农村中有大量富余秸秆。

秸秆的利用方式多种多样，为什么偏偏采取焚烧这种"下下策"呢？

"农民需要抢农时、减农耗。"这是程序教授对农民焚烧秸秆原因的概括。

我国大部分地区采取冬小麦和玉米轮作制，或一年多季种植水稻的耕种方式。在作物成熟后，抢抓农时进行收割并尽快播种下一季作物是农民的头等大事。此时，田间的秸秆在农民眼中不是资源，而是播种的"拦路虎"。比起回收利用需要的打捆、装车、运输等诸多环节，归拢起来将其一把火烧掉，无疑是"腾地方"最省时省力的方式。

但焚烧秸秆作为违反《大气污染防治法》的行为，弊端是显而易见的：污染空气，危害人类身体健康；破坏生态环境，影响局地气候；引发火灾，威胁群众生命财产安全；影响道路交通和航空安全等。焚烧秸秆带来的种种问题越来越引起关注。

据农业专家介绍，焚烧秸秆会直接烧死、烫死土壤中的有益微生物，影响作物对土壤养分的充分吸收，引起土地板结，从而对土壤造成毁灭性的破坏。

更重要的是，大面积焚烧秸秆还会造成地表失墒、近地层大气气温升高和气象观测数据失真。而气象观测数据又是制作天气预报的基础，数据的失真会直接影响天气预报的准确率。

综合利用：路漫漫 前景广

虽然秸秆焚烧已得到初步治理，但如何更好地利用秸秆还面临不少问题。

"现在曲周县大多还是一家一户的小规模种植，有些人家只有一两亩地，甚至是几分地，这种情况在县里大概有30%～40%。由于利用秸秆的收益与耗费的人力、物力和时间不成正比，这些小规模的种植户废弃和焚烧（秸秆）现象还时有发生。"李志民坦言。

除此之外，对于利用秸秆压块的方式来说，如何收集原料是生产过程中必须考虑的一个重要问题。朱计坤说，每到收获的日子，农民都忙着抢农时，指望他们抽出时间把秸秆打捆并送到厂房是不现实的。可是如果企业自己去地里收秸秆，先不说要准备多少台打捆机和货车，单单雇佣大量工人也是一笔不小的开销。

朱计坤不愿让大量的秸秆白白浪费，为此他把秸秆的收购价提高到了300元一吨，希望农民能"帮"他把秸秆运到厂房。据他介绍，目前这种做法取得了一定成效。

除了将秸秆压块制成燃料这种利用方式，魏和方还介绍了使用秸秆的大型沼气池。

大型沼气池不仅能将秸秆转化成可燃气体供取暖和烧饭使用，其发酵产生的沼渣、沼液更是速效肥料。"用在地里两天就见效，比一般化肥都快。"魏和方介绍说，"用生物肥料的黄瓜颜色深、皮薄、味道甜，质量确实比其他的要好。在农村，用沼渣、沼液施肥的黄瓜收购价比其他的每斤贵一毛钱。"

此外，将秸秆用于发电、制成编制品、培育食用菌、压块制作饲料等方式，也在邯郸各地进行着尝试。而这一切所有的目标，都是为了让这放错了位置的"垃圾"发挥出其在生态循环中应有的作用。

毛留喜将秸秆综合利用的好处总结为三点："首先，符合国家对于节能减排和减少煤炭消费总量的要求，同时对于减缓气候变暖有着较大的促进作用。其次，类似于风能和太阳能等气候资源，生物能源也是值得开发利用的新型资源，同样有着广阔的利用前景。最后，对秸秆利用得越充分，越有利于我国雾和霾治理工作，也对高速公路、机场附近的交通安全提供了保障。"

"其实，只要能把焚烧的这部分秸秆利用起来，不管用什么方法都是好的。"程序教授的观点颇具代表性。"变废为宝"不仅是我们民族智慧和美德的体现，更是新时期生态文明建设的根本要求。而对于秸秆综合利用的重视，则正体现了国家在生态治理和环境保护方面的坚定决心。

禁烧工作遭遇尴尬

原国家环保总局、农业部等单位曾于1999年联合下发《秸秆禁烧和综合利用管理办法》，规定"对违反规定在秸秆禁烧区内焚烧秸秆的，由当地环境保护行政主管部门责令其立即停烧，可以对直接责任人处以20元以下罚款"。2005年，原国家环保总局联合农业部等6部门下发《关于进一步做好秸秆禁烧和综合利用工作的通知》，要求切实加强对秸秆禁烧工作的监督管理。

时至今日，对于秸秆焚烧的实际处罚早已超过了过去的标准，对于秸秆焚烧的监测也启用了卫星遥感等现代化科技手段。

国家卫星气象中心遥感应用室高级工程师赵长海介绍，气象部门每年在夏收和秋收时期利用卫星，对重点省、市秸秆焚烧的情况进行监测。通过叠加物候图和土地利用类型等信息，气象部门可判断火点性质并分析位置，最终将焚烧秸秆的火点信息提供给国家环保部。

不过，尽管政府部门多措并举，秸秆焚烧依旧屡禁不止。

2004年来到河北省邯郸市曲周县政府、现任禁烧指挥部办公室副主任的李志民对此深有感触。据他介绍，2008年之前，地方禁烧主要靠政府督查管理，压力非常大。尤其在秋收时期，连续两个月在地里转，有时到晚上12点还在田间地头督导工作。

邯郸市环保局自然生态保护处王军也表示，那时一晚上能发现十多个火点。由于秸秆焚烧大多出现在下午和晚上，王军和同事在那段时间都成了"夜猫子"——白天睡觉，晚上检查。

通过近年来的大力宣传，农民的生态保护意识也有所增强，很多村民也表示很清楚焚烧秸秆带来的危害。但一些农民也坦言："村里的青壮劳力都外出打工了，收集运输那些秸秆都得花钱雇人，卖也不值几个钱，费时费力又不划算。为了赶农时、图方便，干脆就一把火烧了，更省事。"

事实证明，靠督查管理进行禁烧工作"治标不治本"。如何为富余秸秆找到出路，才是解决问题的根本。

2013年

留住最后的河流
——河西走廊三大内陆河变迁与气候影响调查

水对人类生存的重要性不言而喻,对于地处西北干旱区的河西走廊而言更是如此。河西走廊东起乌鞘岭,西至古玉门关,南依祁连山,年降水量不足200毫米,而蒸发量却在1500毫米以上。幸运的是,祁连山的冰雪融水孕育出石羊河、黑河和疏勒河三大内陆河。

由于长期以来的过度开发导致生态恶化,河西走廊三大内陆河下游供水不断减少,绿洲文明岌岌可危。近年来,随着水资源综合治理的推进,河西地区内陆河重新焕发生机。与此同时,气候变化正在成为影响该地区的重要因素,内陆河的变迁与气候的复杂影响交织在一起,构成了当地人与自然共生共存的一个缩影。

拯救民勤

从武威开车向北驶去,不时看到干枯的树木。当汽车驶过红崖山水库时,一大片郁郁葱葱的杨树林让人喜出望外。行车一个多小时,终于来到了位于石羊河下游的民勤绿洲。

民勤,这个有30万人口的县城位于甘肃河西走廊的东北部,东、西、北三面被腾格里沙漠和巴丹吉林沙漠包围,是名副其实的沙漠绿洲。

7月的民勤绿洲生机勃勃。在民勤县气象局副局长胡兴才的带领下,记者一行来到青土湖。波光粼粼的湖泊镶嵌在沙漠之中,茂密的芦苇丛中不时有水鸟飞起,不远处则是巴丹吉林沙漠。

对于民勤人,这一切来之不易。

与沙漠比邻而居,民勤人早已视沙尘暴为"家常便饭"。自20世纪50年代以来,水资源过度开发导致石羊河流入下游的水量不断减少,从5亿米^{3}锐减到不足0.8亿米^3,致使地处下游的民勤绿洲湖泊干涸、生态恶化。地下水的超采更加剧了当地沙漠化。巴丹吉林沙漠和腾格里沙漠对民勤展开合围之势。

石羊河流域和民勤的生态问题引起党中央、国务院的高度重视。前国务院总理

民勤县气象局副局长胡兴才向记者介绍青土湖生态恢复情况
吕建荣/摄影

温家宝曾先后十五次做出重要批示，并在2007年亲临民勤，做出了"决不能让民勤成为第二个罗布泊"的指示。

2007年底，国务院批准《石羊河流域重点治理规划》，投资47.49亿元，分两期对石羊河实施重点治理。从此，一场声势浩大的生态保卫战全面拉开。从植树造林、工程治沙到关井压田、全民节水，民勤人对沙漠的侵袭进行了顽强的抵抗。

民勤县水务局水资源管理办公室主任邱德玉告诉记者，石羊河治理规划以水权管理为核心，通过加强水资源统一管理和调度，建立水资源合理配置机制，最终使上游的水流到下游的民勤。

甘肃省还将目光瞄向了空中的云水资源。据武威市气象局局长薛生梁介绍，为了增加石羊河流域大气降水和祁连山的冰川量，2010年，甘肃省气象局启动了武威人工影响天气地面作业基地项目。2012年，经过适时开展人工增雨，全市全年降水量达到315.5毫米，比历年同期增多21%。增雨作业重点区域——祁连山东段沿山区降水量达592.9毫米，比历年同期偏多46%，有效地增加了水库蓄水量。在民勤，由于人工增雨作业，全县农业每年减少了2~3个灌溉轮次。

经过5年多的努力，民勤的生态环境已开始好转。2012年，石羊河向下游泄水3.48亿米^3，提前8年实现了"向下游输水达到2.9亿米^3"的治理规划。据武威市气象局监测，目前青土湖区地下水位比2007年上升了52厘米。曾经干涸了51年之久的青土湖，自2010年首次形成人工季节性水面后，已经实现了连续两年不干涸。而自2011年以来，曾经在春季肆虐的沙尘暴只发生过两次。

向日葵是民勤绿洲农业的一大特色
张永／摄影

绿洲文明

民勤的故事便是河西走廊的故事。依靠内陆河丰富的水资源，河西走廊得天独厚的光热资源与农业相结合，孕育了特有的绿洲文明。两千年来，河西走廊由游牧区逐渐成为历代王朝屯兵备战、戍边固疆的前沿阵地。而在农耕面积不断扩大的同时，生态环境却在不断地退化。

《史记》记载，秦汉以前，祁连山"有松柏五木、美水草，冬温夏凉，宜畜牧"。内陆河中游绿洲星罗棋布，而下游则有大大小小的湖泊和茂密的胡杨林、灌木丛和草原。自西汉至现代，河西走廊大规模移民屯田，开荒区域自内陆河下中游逐渐向上游推进，农耕文明空前繁荣。

河西走廊灌溉规模无限扩大，人口不断膨胀，超出了内陆河的生态承载能力。自西汉以来，三大内陆河径流量越来越小，河流下游逐渐断流，尾闾湖萎缩干涸。

以石羊河的青土湖为例，在西汉时期，青土湖面积达4000千米^2；隋朝时面积为1300千米^2；明清时期最大水域面积为400千米^2；1959年，青土湖彻底干涸。

新中国成立后，在各大内陆河先后修建了一系列水库，在保证农业灌溉的同时却造成了内陆河的断流。中共甘肃省委党校历史学副教授吴晓军认为，历史上无节制地开发河西走廊，使该地区生态环境由林地草原向耕地、再向戈壁沙漠转化，造成了严重的生态灾害。

水的战争

"有限的水资源如何分配"在河西地区是个大问题。据《甘州府志》记载，雍正二年（1724年），陕甘总督年羹尧赴甘肃巡视，途经黑河下游高台县的镇夷五堡，建立了黑河"均水制度"。

在原均水制度的基础上，20世纪60年代当地确立了"一年两次"的均水制度，即每年4月和5月两次从张掖境内按照农灌时间给金塔鼎新灌区放水。

随着时间的推移，均水制的弊端日渐显现。均水制对中下游特别是下游内蒙古自治区阿拉善盟额济纳旗的生态用水一直未予考虑。随着黑河断流时间的增长，当地绿洲生态迅速恶化，阿拉善地区沦为我国四大沙尘暴发源地之一。

与此同时，20世纪50年代以来，随着三大内陆河中游地区工农业用水量的增

位于黑河中游的草滩庄水闸枢纽开闸放水，定期向下游的额济纳旗输送生态用水
张永/摄影

加，社会经济发展与水资源短缺矛盾日益突出。以石羊河为例，该区域人均拥有水资源量只有775米^3，而实际人均用水量达到1273米^3；水资源总量只有16.59亿米^3，实际用水量却达28.4亿米^3。

河西地区在开足马力满足工农业用水的同时，生态用水剧减，生态环境持续恶化，特别是下游地区的环境纷纷亮起了"红灯"。

面对严峻的形势，自2001年起，国家先后启动了河西走廊三大内陆河水系治理工程规划，即《黑河流域近期治理规划》《石羊河流域重点治理规划》和《敦煌水资源合理利用与生态保护综合规划》，其目标就是实现水资源的全流域统筹调度，向下游输送生态用水，阻止生态恶化趋势。

7月10日，记者一行来到黑河中游的草滩庄水闸枢纽，恰逢黑河向下游泄水。翻滚的河水从七八米高的坝口喷涌而出直奔下游。张掖市甘州区黑河总口水管所所长王昊位告诉记者，草滩庄枢纽是黑河干流第一座拦河大坝，担任着黑河分水的重要责任。从2000年开始，为了保证下游的生态用水，每年春、夏、秋三季共有55天向下游的额济纳旗调水，泄水量年均达到8亿米^3。

疏勒河双塔水库管理所工作人员告诉记者，为了加强水资源的统一管理，甘肃省在1999年建立了疏勒河水资源管理局，明确要求每年向下游输水2000万米^3，以确保疏勒河尾闾西湖湿地的生态安全。

除了加强水资源统一管理，河西地区全面实施了水权制度改革，水资源利用效率大大提高，为下游节约出宝贵的生态用水。经过十年多的综合治理，包括青土湖在内的三大内陆河下游生态环境逐步好转，沙进人退的局面初步得到遏制。

气候变化隐忧

三大内陆河的水源全部来自祁连山的冰雪融水和山区降水。而近年来，随着气候变暖的加剧，河西走廊的命运似乎又增加了新的变数。

据甘肃省气象局观测，自1961年以来，河西走廊地区气温每10年升高0.3 ℃，高于全球平均水平，是我国增温明显的地区之一。

气候变暖，使冰川受到严重影响。

根据中科院张九天等专家的研究，受全球变暖的影响，西北干旱区冰川面积在1960年至2007年缩小了13%，缩小面积达3818千米^2。其中，黑河流域冰川面积缩小最明显，年均缩小1.2%。

张九天认为，随着气候变暖，近期冰川融水增加，提高了内陆河的地表径流，有利于缓解用水矛盾，但从长期来看，冰川面积将严重萎缩，并最终消亡。失去了冰川的调节作用，多数内陆河将面临缺水的威胁。受极端天气增多的影响，发生丰水、枯水的频率也将增加。届时，西北地区水资源的格局将发生根本改变，现有水资源管理与灾害防治措施将面临巨大挑战。

中科院寒区旱区环境与工程研究所研究员蓝永超告诉记者，近十几年来，祁连山地区降水增加，河西走廊内陆河普遍经历了丰水期，因此，水资源矛盾并不明显。"现在的问题是，一些地区缺乏远见，在丰水期大搞开发，未来，内陆河一旦进入枯水期，用水矛盾立刻就会显现出来。"他说。因此，他建议依靠科技手段提高用水效率，同时严控工农业用水，做好应对枯水期的长远规划。

气候变化的影响不仅是对未来的，眼下的极端降水已经让河西人措手不及。

2012年6月4—5日，甘肃酒泉辖内的瓜州、玉门、敦煌等地出现暴雨过程。其中玉门遭遇了60年来最大暴雨，局地降水量超过90毫米，达到酒泉地区一年的降水量。暴雨引发的洪涝灾害造成大量农田、道路被冲毁，近万人受灾。

"一天下了一年的雨！"酒泉市气象台台长于海兴说起近年来酒泉地区不断增多的强降雨颇感不解。他说，以往干旱少雨的酒泉并无应对暴雨洪水的经验和设施，一旦发生强降水，损失往往惨重。

据2013年发布的《西北区域气候变化评估报告》，21世纪以来，西北地区极端降水事件呈增加趋势，而干旱也加重了。

作为气候变化敏感区，河西走廊如何面对未来的挑战？

张九天认为，首先应该转变"重发展、轻生态"的理念，更加重视生态建设。因此，要以流域为单元，实施严格的水资源集成管理，突出水资源管理措施的生态功能。其次，应加强适应气候与冰川加剧消融的能力建设。制订预案，提高对洪水、泥石流等灾害风险的管理和应急处置能力。另外，还应加强监测，寻求应对冰川加剧消融、水资源变化与冰雪灾害增加的综合对策。

甘肃省气象局局长张书余表示，应当强化河西地区作为全国生态屏障地位的战略考量，以饮用水源地保护和节水型社会建设为重点，建立适应气候变化及可持续发展的水资源管理体系；针对极端降水和洪涝灾害，加强监测预警工程和城乡基础设施建设；加强西北区域人工影响天气中心能力建设，积极开发祁连山云水资源。

为城市"气象病"研制"疫苗"

"今天又有雾和霾了！"进入冬季，这几乎成了中国多个城市居民的一句口头禅。而此前的夏秋季节，高温酷热下的城市"热岛"、暴雨内涝中的城市"海景"都曾一次次引发人们对城市规划合理性的质疑。

近年来我国城镇化进程明显加快，一些大中城市快速发展，但城市居民并未因此过上更舒适、安全、健康的生活，相反许多城市纷纷陷入"为天气所困"的怪圈。

所幸中央已经下决心要彻底改变这种态势。中央城镇化会议明确提出了"要以人为本，推进以人为核心的城镇化"。城市的发展会影响当地气候甚至出现明显"五岛效应"（热岛效应、干岛效应、湿岛效应、雨岛效应和浑浊岛效应），这早已为科学家所证实，今天我们所要做的是通过科学合理的城市规划，减小这种人为因素的"气候恶化"，及早预防和减缓"热岛"、内涝等恼人的城市"气象病"，让城市更适宜居住。

城市能否调整规划"让步"于天

"小时候，一到夏天最热的时候就盼着吹东南风，尤其是晚上凉凉的，睡得那个香。这两年，东南风不太管用了，吹在身上还是热乎乎的。"土生土长的上海人一说起夏天的东南风似乎都有同样的感受。

华东师范大学地理与环境学院教授束炯对此解释说："上海是个沿海城市，海洋对于城市气候具有天然调节作用。20世纪上海市中心区域还相对比较集中，市郊界限明显，虽然市区存在热岛效应，但从海上吹来的东南风能有效地将凉爽空气送到市区，减缓温度上升。然而，随着上海城市化进程加快，位于东南方向的浦东、南汇、奉贤等郊区迅速城镇化，过去的农田、湿地等下垫面被水泥地所代替，清凉的海风还未吹到市区，在郊区就已变成了热风。"

"城市发展势必会影响当地原有的自然环境和气候，但是如何影响却取决于城市规划的理念。"中国城市科学研究会秘书长李迅表示。"天人合一"这种中国传承了几千年的哲学思想表现在城市规划上，其突出特点就是要顺之以天理，追求

设防高风险区,城市"里子"规划巧布阵
李根/摄影

人与自然的和谐统一。中国古代许多都城的建设规划都深深烙上"天人合一"的思想,但是近年来一些城市的发展理念与规划设计往往忽视了与天地的和谐。因此,要减少城市"气象病"的发病率,关键还是要回归顺应自然的城市规划理念。

对此,在城市排水领域研究了几十年,现中国城镇水务与工程研究院副院长谢映霞深有感触:"从事水利工作的人都清楚,一旦遇到特大暴雨,如果河道少、水位高,下水道排水能力再强也无法将水排出去。城市的天然河道水系具有最有效的排洪蓄洪功能,但是城市建设使得大量的天然水系被填埋改造,城市水系不断萎缩。如北京玉渊潭的面积缩小了近三分之二,武汉城区的湖泊数量从20世纪的127个锐减到目前仅有的38个,这是现在各大城市暴雨积涝问题严重的一个最重要的因素。现在我们正在尝试恢复一些城市的天然河道、湖泊,但这只是迈出了很小的一步,只有连续、贯通的水系才能充分发挥出其强大的防洪蓄洪作用,这取决于城市管理者有多大的魄力牺牲一些经济利益,在城市规划上进行适度调整。"

事实上，这也是目前我国各大城市所面临的问题。经过多年的快速发展，一方面北京、上海、广州、武汉等大城市的格局已基本定型，调整需要付出较大代价；另一方面要缓解日趋严重的内涝、热岛效应这些城市"气象病"，又迫切需要对规划做出适度调整，这就需要以科学的态度衡量两者之间的利益关系。

束炯建议，已经基本定型的大城市要在综合计算长远经济利益与社会效益的基础上，对不合理的城市规划进行适度调整，尤其是在一些密度不高、较易恢复的城市外围地区重新规划，让"城市气象病"通过"老天"的自我调节能力不治自愈。当然，对于更多正在规划中的新型城镇，一定要吸取目前大城市的前车之鉴，积极采纳"反规划理论""低冲击开发模式"等，在城市规划中最大限度地实现"天时地利人和"，避免城市"气象病"的出现。

以公共交通为导向高密度布局，构建"会呼吸的城市"

沈先生的老家在北京通州区，每隔一段时间他就会从位于市中心的家开车回去看望父母："这些年眼看着沿途盖起了各种各样的房子，大多高度不超过六七层，东一片西一片的。过去从一个镇到另一镇中间的大片农田和树林现在已经很少看到了。"近年来北京"摊大饼"式的城市规划已被广为诟病，而令人遗憾的是，"摊大饼"已是中国各大城市近几年发展的普遍模式。

"摊大饼"对城市气候最直接的影响是风速减小。来自上海城市环境气象中心的数据显示，近10年上海城市的人造下垫面扩大了约18倍，楼宇林立，显著增大了地面粗糙度。上海近地面风速平均每年下降0.031米/秒，约为中国内地近地面风速平均下降幅度的两倍。风速减小使大气趋于稳定，促发更多静稳天气。近年来，上海各月静风频率平均值高达20.2%，远高于4.9%的常年平均值。城市的大气扩散能力不断减弱，加剧了污染物积聚，更易触发高污染事件。

上海城市环境气象中心主任耿福海表示，冬季的重污染天气大多与北方冷空气不强有关。本就"虚弱"的冷空气在进入城市之后变得更加"虚弱"了，这直接为大气污染物积聚创造了有利条件。

为了更有力地吹散大气污染物，国内有些城市提出打通"城市风道"的设想。

不过，上海同济大学城市规划专家许鹏教授对其预期效果表示疑虑："国外确实有城市风道一说，但在武汉、杭州等格局已基本定型的大城市操作难度很大。风道太窄，只能增大两边很小范围内的风力，对整个城市的作用微乎其微。若风道很宽，想要按照设计规划完全打通不是一朝一夕能办到的。与之相比，通过提高城市建设密度，尽可能收缩城市直径，为城市周边留出更多的开敞空间，这样的规划思路对于减轻大气污染、热岛效应等城市'气象病'似乎更具有现实性和有效性。"

许鹏说："现在很多人觉得高楼不多、密度不大的城市才宜居，但这样的城市结构会使城市迅速蔓延，大量挤占周边空间，破坏生态结构，使城市气候条件急剧恶化。城市分散造成出行不便，必须依赖汽车，增加了本地污染物排放。城市直径的增大还直接导致城市置换新鲜空气的能力降低。"

许鹏建议："我们的城市规划可以借鉴我国香港和丹麦哥本哈根等城市的经验。一方面，透过严谨的城市规划和法律法规，致力于提高城市的密度，保护城市周边的绿色地带和海岸资源，形成'疏密相间'的手指状城市布局。另一方面采用以公共交通为导向的模式（TOD模式），以连接市中心和卫星城的高速城铁与环形的区域轨道交通相结合，在城铁、轨道交通站点周边可步行范围内，密集建设工作、商业、文化、教育、居住一体化城区，显著减少汽车使用，在降低能耗减少排放的同时，收缩城区范围，留出大片开阔空间，形成自然通风道，从而无须再'引风入城'。"

事实上，目前北京、上海等大城市已经开始逐渐转向组团式布局。城市规划也尽可能引导一些旧城改造与市郊新城建设采取"TOD模式"。提高建设密度，尤其是尚在发展初期的郊区，如上海自贸区、迪士尼乐园周边地区以及北京的远郊地区等。而正在快速发展的二、三线城市则可以从改建和新建初期就采取这一模式，有效控制城市规模，保留城市周边的青山绿水，建设"会呼吸的城市"。

设防高风险区，城市"里子"规划巧布阵

2013年夏季上海遭遇罕见高温，"孵空调"是市民的唯一选择。家住上海市崇明区的陈老伯却很烦恼："热得受不了去买台空调，结果电压太低用不了。"数据显示，崇明地区2013年夏空调销量达3万台，但空调装好却多半因为电压问题难制

冷。高温导致上海电力负荷连创历史新高，市中心人口经济密集地区并未出现人们预想中的"电荒"，反而是城郊接合部和郊区在高温天气下出现重过载、低电压问题，这不能不让人想到城市电网规划是否跟上了城市化快速发展的脚步。

下水道、供电、供水、供气、交通、医疗等公共设施被称为城市"生命线"，是保证城市居民生活正常运转最重要的基础设施。这些城市的"里子"一旦规划滞后或者不合理，会加重城市"气象病"的病情，直接影响到城市居民的安全和健康。城市生命线的改造和建设不是简单扩容的问题。以排水系统为例，目前我国许多城市排水系统基本按照一年一遇排水标准建设，只有一些重点区域的标准达到3~5年一遇。近年来由于频繁的暴雨内涝，许多老百姓提出："城市排水管道能否变粗一些？"事实上想要在短期内使整个城市的排水系统都达到3~5年一遇标准甚至更高是不太现实的，这需要巨大的资金，尤其是一些区域的地下改造难度极大。因此，城市生命线系统的改造和建设需要做的不仅仅是提高建设标准，还有科学合理的规划。

曾参与上海城市生命线系统适应气候变化风险评估的上海市气候中心主任穆海振认为，在全球气候变化和城市化共同影响下，城市"气象病"的高发区域会不断变化，气候条件的差异也使各大城市的城市"气象病"特点不尽相同，因此，城市生命线的合理规划很难一概而论。最好的办法是根据城市的自然地理特征和社会经济要素，结合极端天气气候事件、暴露度和脆弱性等因素做出城市生命线的风险地图，在风险较大的区域制订有针对性的降低风险的规划。

穆海振说，从之前的风险评估和研究结果发现，虽然市中心的人口密度较大，经济活动密集，但城市生命线系统建设已经相对完善，因此，其承灾能力较强。反而是一些城郊接合部和郊区新城，在城市快速扩张的过程中，其城市生命线系统没有得到合理规划和配置，城市"气象病"症状更为严重。另一方面，一些气象灾害会导致城市生命线系统受损甚至瘫痪，如上海就曾出现过厂房屋顶彩钢板被大风吹起挂上高压电线导致全市多个区大范围停电的事件。因此，在风险评估中，像上海沿江沿海一些地区容易出现大风，应尽可能避免将输变电线路规划在这些高风险区域。如果无法改变线路设置，则规划应严禁在线路经过的一定范围内建设厂房等。

穆海振还建议，在城市生命线系统规划中要充分考虑未来气候变化和城市化的

近年来,城市排水系统屡受暴雨考验
时补法/摄影

趋势。如根据目前的预估,上海未来一段时间大雨、暴雨占城市降雨的比例将继续增大,因此,可借鉴荷兰鹿特丹等城市的经验,在市中心一些积涝严重的区域和郊区新城,建设地下蓄水空间,提高城市对特大暴雨的承受能力,减少内涝。

研制"城市气象病疫苗"亟待有效合作

有效防治城市"气象病",城市规划需要人们根据当地的气候特征实现生态经济平衡发展。这不仅需要理念,更需要科学的依据。

"我们做城市规划设计,一般或多或少都会考虑气象因素,最常见的就是运用'城市风玫瑰图'来进行城市功能区布局。但是随着城市化对城市气候的影响越来越大,城市规划在这方面面临许多新课题。"作为一名资深规划设计人员,中国城市科学研究会秘书长李迅觉得,城市规划和气象部门的合作需要更加深入,在合作研究的内容上更应随着城市化快速发展、与时俱进。

长期从事城市规划与气象研究的束炯也有同样的感受:"对于一个城市的规划来说,怎样的城市形态最有利于大气污染物的扩散?单靠理论很难回答这一问题,因为不同的城市气候条件不同。必须根据城市气象和污染物要素监测的数据,通过数值模拟和风洞实验才能获得较为准确的答案。而这还只是理想状态下的,从实验到真正的城市规划,还需要参考社会经济各种因素。没有一支气象、规划、地理、经济等交叉学科背景的专家团队是不可能完成的。此外,诸如怎样的小区规划才能实现居民舒适度与土地利用率综合效益最大化?城市老公房'平改坡'与建设楼顶绿化哪个更好?有太多的规划新问题需要去深入研究和评估。"

然而,面对频频发作的城市"气象病",气象、规划以及相关领域并没有形成一个有效的合作机制,由于长期的部门分割造成相关专家分属不同的"圈子"。在采访中记者发现,虽然气象、规划等部门长期存在合作关系,但这种合作非常粗浅和松散,往往停留在一些简单的数据交换和短期的课题合作研究上。尤其是近几年虽然城市发展速度加快了,但相关部门合作却并未呈现"加速"的态势。

新城镇化要求优化布局,根据资源环境承载能力构建科学合理的城镇化宏观布局。制订科学合理的城市规划,实现自然环境和经济的协调发展,无异于给城市"气象病"早早注射下"疫苗"。只是这种"疫苗"的"研制"非常复杂,不是一支笔一张图纸可以画出来的,需要经过精密计算、严谨实验和科学论证,任何一个部门和行业都无法单独"研制"成功。因此,需要城市的管理者积极统筹各个部门的利益,推动相关部门、学科的融合,并建立长期而有效的合作机制,为城市制订出真正符合自然气候规律而又可持续发展的城市规划,早日兑现城市的"生态文明"。

绿镜头·发现中国
（2013—2016）

2014年

内蒙古呼伦贝尔→河北→黑龙江→新疆克拉玛依→
湖北神农架→海南→云南漾濞

2014年

第一站：内蒙古呼伦贝尔
珍爱绿色，可持续发展的生命线

在很多人的眼里，呼伦贝尔就是"绿色"的代名词。2014年"绿镜头·发现中国"系列采访活动的第一站就选在这里。7月2日，采访组与来自该市气象、农业、林业、旅游等部门的专家，围绕生态保护与经济社会可持续发展等议题进行了面对面交流。让我们听听各位专家的声音，看看呼伦贝尔美在哪里，"绿"在哪里——

草原上的油菜花田
庄白羽／摄影

呼伦贝尔市气象局局长娄玉贵：以服务赢生态效益

呼伦贝尔市气象局在服务生态文明建设方面，进行了有益的探索，目前已经在防沙治沙、森林防火、生态监测等方面形成了一套行之有效的服务体系。我们希望通过气象服务为生态文明建设铺路，同时赢得更大的生态效益。

呼伦贝尔市幅员辽阔，总面积超过25万千米^2，各地区气象灾害也不尽相同，应有区别、有重点地分别对待。总体来说，每个季节都可能有气象灾害或其衍生灾害发生。冬季风雪寒潮肆虐，夏季暴雨等强对流天气时有发生，春秋两季森林草原防火形势严峻。

生态城市建设对气象部门而言是机遇又是挑战。近年来，气象部门通过向政府提供决策服务等途径，为呼伦贝尔市的生态建设添上了浓墨重彩的一笔。具体而言，一是以气象部门的看家本领"天气气候预报预测"为依托，形成决策材料，提供给市政府及相关部门；二是通过人工增雨，提高植树后的树木成活率；三是通过地面观测及卫星遥感等手段，对生态治理效果进行评价。

呼伦贝尔市气象局局长娄玉贵
庄白羽/摄影

两个事例可以更直观、形象地让公众了解气象部门的作为。一是呼伦湖水体监测。来自气象部门的遥感监测显示，呼伦湖水域面积持续扩大，湖面积目前已上涨至近10年来最大，重现当年水草丰美的景象。这一监测结果对市政府进行决策具有重要的现实意义。二是人工增雨。2014年4月30日，俄罗斯境内森林大火越过界河，烧入我国内蒙古大兴安岭北部原始林区乌玛林场。气象部门密切监视天气，在出现作业条件时，及时进行了人工增雨作业，火场及周边出现1~2毫米降水，对扑火起到重要作用。

内蒙古自治区气象局生态与农业气象中心主任乌兰巴特尔：珍爱森林草原碳汇宝库

呼伦贝尔位于内蒙古草原的东北部，属温带半湿润地区向半干旱地区的过渡地带。其生态系统以森林、草原为主，但又复杂多样。从东向西，呈现明显的

内蒙古自治区气象局生态与农业气象中心主任乌兰巴特尔
庄白羽 / 摄影

"森林—林缘草甸—草甸草原—典型草原"过渡的特性。对呼伦贝尔生态系统进行分类和划分，有利于我们更加深入地认识生态系统的发生、发展、演变规律，从而合理规范人类活动，有效指导人类的生产生活和生态资源开发管理。

森林生态系统面积达11.83万千米^2，占呼伦贝尔市总面积的46.77%，这一区域是我国北方重要的水源涵养区。草原生态系统面积为3.92万千米^2，占呼伦贝尔市总面积的15.51%，是欧亚大陆草原的重要组成部分，是当今世界上保留较完整的天然草地之一。

如此大面积的森林及草原生态系统不仅是呼伦贝尔，也是我国北方乃至整个中国的碳汇宝库。森林、草原等对二氧化碳的吸纳，对缓解气候变暖有着重要的、积极的意义。森林和草原碳汇都是珍贵的资源，具有非常重要的生态价值，在全球气候变化受到全世界高度关注的此时此刻，我们应携手保护森林和草原，让其发挥更大、更有效的固碳作用，为我国应对气候变化贡献一份力量。

呼伦贝尔市林业局总工程师金维林及造林治沙科科长曲香芝：防沙治沙需全民参与

森林对保持水土、涵养水源有着极其重要的作用。呼伦贝尔启动了天然林保护工程、自然保护区工程、森林防火及森林病虫害防治工程，以及退耕还林和治沙工程等，通过这些工程项目对森林进行保护。

呼伦贝尔是全国四大沙地之一，主要有3条沙带。全国第4次荒漠化和沙化监测结果显示，通过大规模综合整治，呼伦贝尔沙化土地总面积比2004年缩减了36.4万亩；有明显沙化趋势的土地面积比2004年缩减了8.9万亩。

呼伦贝尔市防沙治沙的历程始于1986年，特别是2009年启动了沙区综合治理工程，提出了5年完成沙地综合治理500万亩的奋斗目标。截至目前，已经超额完成了任务，治理面积达到525万亩。

呼伦贝尔通过成立沙化治理领导小组、编制沙区治理工程规划、加大投入力度、加强科技支撑、实施生态移民、广泛进行宣传等多项措施，保障了沙地治理的持续性、有效性。据统计，2009—2013年，呼伦贝尔沙区综合治理投入累计超过8亿元；截至2013年底，生态移民已达500户。

左：呼伦贝尔市林业局总工程师金维林
右：呼伦贝尔市林业局造林治沙科科长曲香芝
庄白羽/摄影

特别需要指出的是，防沙治沙不单单是政府的责任，更是每个人的责任。防沙治沙成果的后期管护非常重要，所谓众人拾柴火焰高，只有每个人都真正做到支持防沙治沙、参与防沙治沙，才能真正走上可持续发展道路。

呼伦贝尔市农牧业局草原科科长程利及呼伦贝尔市农业技术推广服务中心高级农艺师陈彤：保护草原须打"组合拳"

在我国北方生态环境与生物多样性保护方面，呼伦贝尔草原具有极其重要和不可替代的作用，尤其在防止土地的风蚀沙化、水土流失、调节气候等方面的作用是其他生态系统所不及的。主要表现在三个方面：一是重要的战略资源。草原不仅是畜牧业发展的物质基础，也是绿色畜产品生产加工输出基地；是体现草原文化、独具北疆特色的旅游观光、休闲度假基地；是生物基因、碳汇资源和煤油气、有色金属贮存库。二是北疆安全稳定屏障。草原给各民族的团结提供了大舞台，促进了各民族间的相互了解及团结，增加了民族凝聚力。三是北疆生态安全屏障。呼伦贝尔草原是我国草原生态系统和北方生态屏障的重要组成部分，其生态系统直接影响东北乃至全国。

左：呼伦贝尔市农牧业局草原科科长程利
右：呼伦贝尔市农业技术推广服务中心高级农艺师陈彤
庄白羽/摄影

保护草原生态系统，必须打出"组合拳"。截至目前，他们已经采取了以下几项措施：一是启动草原生态保护与建设类项目，包括补助奖励机制和退牧还草等项目。自2003年起，目前累计实施退牧还草工程5500万亩，投资达8.8亿元。二是大力推行禁牧、休牧和划区轮牧制度。三是全面推行草畜平衡制度。四是依法加强草原监督管理。根据《草原法》《草原管理条例》《草原管理条例实施细则》等进行宣传和执法。

呼伦贝尔市旅游局专家崔霞：人与自然和谐相处是终极理念

呼伦贝尔的生态环境可谓30年如一日。30年前，就是满眼绿色；30年后的今天，仍是如此。

呼伦贝尔聚拥着灵山秀水，承载着历史记忆，草原文明从这里划过，农耕文明在这里驻足，西方文化在这里来来往往，关东文化不经意间闯了进来，是中国北方重要的地标城市。

呼伦贝尔历史厚重，原生态保存完整。历史、文化、民俗构成了呼伦贝尔的旅游特点。冬季以前是旅游的克星，现在，他们打出了"中国冷极，越冷越热情"的口号，并启动了家庭旅游的模式，让游客亲身体验不同民族的生活常态，这吸引了众多的游客。"呼伦贝尔全境皆是景"是我们未来的努力方向。

《中共中央关于全面深化改革若干重大问题的决定》明确提出要建立国家公园体制。这表明国家对生态文明建设的高度重视，这对呼伦贝尔而言，是机遇也是希望。人与自然和谐相处不仅是游客最喜欢的，同样也是我们每一个人应该追求并去努力实现的。让游客放松心情，感受到美，感受到风景和人文的梯次变化，是我们所希望的。

开发旅游资源，红线要清晰。一要在做旅游规划的时候考虑到生态承载力，不能超载。二要保持原汁原味。三要百姓共同参与、共同致富。四要进行环境教育，通过培训、宣传等，让人人树立环保意识。五要依法开发、依法管理，政府、企业、百姓各司其职。

呼伦贝尔市旅游局专家崔霞
庄白羽／摄影

将生态作为发展的重要前提

2014年7月8日,内蒙古呼伦贝尔市政府副秘书长胡兆民在接受"绿镜头·发现中国"采访团队的采访时表示,呼伦贝尔市在全力推进经济社会发展的同时,将生态作为一切发展的重要前提,集中各方面智慧确立了"美丽与发展双赢"的发展战略。

呼伦贝尔生态环境优美,素有"绿色净土""北国碧玉"之称。全市有森林面积12万千米^2,天然草原面积8万千米^2,湿地面积2万千米^2。其中,大兴安岭森林和呼伦贝尔草原共同构成了世界上独特珍贵的生态单元,是中国北方生态屏障的重要组成部分。

据悉,呼伦贝尔市人均草场面积54.8亩,是全国人均的12倍;人均林地面积75.5亩,是全国人均的39倍;人均水资源占有量是1.18万米^3,是全国人均的5倍。

那么,呼伦贝尔是如何将经济发展与生态建设并举的?长期以来,呼伦贝尔市党委、政府高度重视生态保护与建设。2011年,该市提出了"美丽发展、科学崛

呼伦贝尔市鄂温克族旗气象局农业气象专家在当地草场进行土壤墒情监测
庄白羽/摄影

内蒙古呼伦贝尔市政府副秘书长胡兆民接受采访
庄白羽/摄影

起、共享繁荣"的生态建设战略,相继出台了《关于加快林业发展的意见》《关于加强环境保护的决定》和《关于加强草原保护建设的决定》等多项政策措施。

胡兆民表示,呼伦贝尔市在全力推进经济社会发展的同时,将生态作为一切发展的重要前提,实施了"有进有退"的发展路径。"进"即发挥生态优势,重点推进新型工业化、新农牧林区建设、新型边境区域合作和新型服务业发展,并利用很小的国土面积推进城镇化和新型工业化,用1%的土地释放99%的森林、草原。"退"即恢复自然生态,拓展可持续发展的空间,重点是调整优化农业结构、草原畜牧业转型升级、减少森林采伐量和关停各类矿山和污染企业。

几年间,呼伦贝尔实施了天然林保护、公益林管护、"三北"防护林、防沙治沙、退牧还草、人工影响天气、呼伦湖生态治理、自然保护区建设以及野生动植物资源保护等多项工程。

呼伦贝尔市的多措并举,换来了生态安好——共治理草原沙化面积930多万亩,退耕542万亩,退牧还草2500多万亩,草原生态补奖面积1亿亩、补奖奖金每年5亿元,关停企业400多户,森林采伐量从"天保工程"前每年600万米^{3}降为100万米^{3}左右,森林面积和活立木蓄积量实现了双增长。

蓝天、绿地、青山、碧水的美好图景在呼伦贝尔展现。但是，这里同样面临着生态文明建设和加快发展并存的双重挑战。"一方面，自然条件决定了呼伦贝尔的生态环境相对脆弱，生态保护与建设任重而道远；另一方面，虽然呼伦贝尔经济多年来保持较快增长，但仍属欠发达地区，人均收入水平还不高，发展不足仍然是主要矛盾。"胡兆民说，"人民群众对提高生活水平有更大期盼，对享有更加美好的生活环境有殷切期盼。如何处理好生态保护与经济发展仍是一项长期而艰巨的任务。"

未来，呼伦贝尔市将继续推进防沙治沙、退牧还草等工程。"另外，我们将加快转变经济发展方式，继续加大生态文明建设投入力度。建立有效的投入激励机制，进一步明确'谁建设、谁受益'的原则，调动各方面积极性。我们还将加强对呼伦贝尔生态环境的科学研究，积极开展碳汇核算和碳汇交易研究，依靠科技进步，不断提高生态建设的质量和效益。"胡兆民说。

胡兆民建议国家完善生态补偿机制。通过建立持久、稳定的长效机制，对当地政府和广大群众因生态保护丧失发展机会或增加的发展成本给予合理的经济补偿，有效解决生态保护与民生改善、经济发展间的矛盾，更好地保护好生态环境。

草原上牧民的家
庄白羽 / 摄影

2014年

小平台 大作用

"小火年年着,大火少不了。"呼伦贝尔市气象局工作人员说,这是当地面临的一个现实状况。这也从另一个侧面反映出,林业对气象服务需求之迫切。

呼伦贝尔市林业气象防扑火平台的应运而生,便是基于以上背景。

根据大兴安岭主要气象灾害的规律,结合呼伦贝尔本地的气候特点,市气象局建立了规范化、一体化的林业气象防扑火平台。

"充分利用气象监测、预报,通过地理信息系统强大的分析、制作功能,集信息查询分析,产品加工制作、发布为一体的工作平台。"气象台工作人员介绍,这个平台对提高气象预报服务能力和效果,增强森林防扑火及生态保护能力有着重要意义。

它有很多功能。比如完成雷电监测、遥感监测、卫星云图、雷达监测信息的查询等;再如,利用预报报文制作短期、中期、长期预报和火险气象等级预报产品。

呼伦贝尔市气象局副局长刘喜元告诉记者,2014年4月30日,大兴安岭北部原始林区发生俄罗斯过境火灾,市气象局通过遥感气象卫星第一时间发现并与林管局核实确为森林火灾后,马上启动预案,立即派出现场气象服务小分队及人工增雨作业队伍,行程600多千米赶赴现场,使火场气象信息实时回传;明火扑灭后,又组织开展人工增雨作业,火场周围普降小到中雪。这为防止火灾复发起到了决定性作用,劳累的驻防森林官兵也终于可以撤离了。

气象专业人员还能充分利用本平台强大的制作功能,实现监测、预警预报、综合分析、灾害评估等产品的加工、生成。

大兴安岭林区的主要气象灾害是雷击火,为此,该平台开发了雷电监测预报预警系统。

最短每3分钟,这个系统便能实时显示监测到的雷电的位置、强度、频次等,这能让人很快地找到在某时间段内强度最大的雷电,并根据时间可以在程序里找到其所在的地理位置。这为雷击火的预警和森林火灾的认定提供了科学依据。

除了这个平台之外,这里还建有呼伦贝尔市气象灾害监测预警应急指挥平台。它是一个为决策层提供气象综合服务信息展示、分析及相关部门联系和应急指挥的一个平台，同时能够通过多种手段及时发布各类气象灾害预警、应急指挥信息。

应该说，当地人民群众之所以能在生产生活中减少损失，这个在后方栽起"消息树"、打出"发令枪"的平台功不可没。

大兴安岭的树木
庄白羽/摄影

2014年

呼伦贝尔：美丽与发展双赢

"巍巍兴安岭，滚滚呼伦水，千里草原铺翡翠，天鹅飞来不想回……"

哼着《呼伦贝尔美》的崔霞，现在也像飞来的天鹅一样"不想回"。"30年前，我不得已来到这里工作，当时的念头就是赶快回老家。可生活在这里以后，我被它的美丽深深吸引。蓝天、白云、森林、草原、湖泊，这里的生态之美，30年如一日，从未远离。"

作为呼伦贝尔市旅游局的专家，崔霞每天的工作主要是围绕"美丽"开展，宣传、保护这里的美丽，而对该市政府副秘书长胡兆民而言，想得最多的是发展问题。"我们在全力推进经济社会发展的同时，将生态作为一切发展的重要前提，集中各方面智慧确立了'美丽与发展双赢'的发展战略。"

正是在这样的发展战略指导下，呼伦贝尔市把生态文明建设融入经济建设全过程中，既要绿水青山，也要金山银山；宁要绿水青山，不要金山银山，走出了一条和谐发展、科学发展之路。

呼伦贝尔的美丽与脆弱

呼伦贝尔有多美？一千个人有一千种答案，有一千个视角。

胡兆民用数字描述其景色之美："12万千米^{2}森林，8万千米^{2}天然草原，2万千米^{2}湿地，3000多条河流，500多个湖泊；生活在这里的野生动物有480余种，野生植物有1600余种，被誉为'北国野生动植物的天然王国'。当你来到美丽、富饶、神奇的呼伦贝尔，才能真正感受到什么是'蓝天绿地'，什么是'绿色净土'，什么是'北国碧玉'。"

内蒙古自治区气象局副局长乌兰巴特尔则看到了生态之美：大兴安岭森林和呼伦贝尔草原共同构成了世界上独特珍贵的生态单元，是我国北方生态屏障的重要组成部分。大面积的森林在涵养水源、保育土壤、碳汇制氧、净化环境、保护生物多样性等方面发挥着不可替代的重要作用，是我国北方乃至整个中国的碳汇宝库。

在看到呼伦贝尔美的同时，也要看到美的脆弱性，一旦被破坏，美丽也将随风而逝、荡然无存。该市是我国生态脆弱区中面积最大、脆弱生态类型较多、脆弱性表现最明显的地区之一，对外界极为敏感。

呼伦贝尔草原地表土层平均厚度仅有10~50厘米，最浅的地方仅有三四厘米，下面则全是黄沙。大庆油田曾在新巴尔虎右旗钻井发现直至900米的深度仍是沙层。如此大量的黄沙，一旦裸露，后果不堪设想。据估计，一旦生态环境遭到破坏，就可能需要几十年甚至上百年的时间去恢复。

被称作"草原之肾"的呼伦湖同样不堪一击。四年前，湖心岛周围竟然能跑马，能走车，就是不能行船。来自内蒙古自治区气象局的呼伦湖水域生态环境监测分析报告显示，气温升高、降水量减少以及人为因素是当时湖水"瘦身"的原因。而这其中的人为因素与多年前人们在湖边的过度放牧等活动不无关系。乌兰巴特尔说："要想保护好呼伦贝尔大草原，首先就要保护好呼伦湖。呼伦湖的生态调节作用非常明显，它正处于呼伦贝尔大草原的腹地，对维持周边沙地生态系统的稳定有很大的作用。如果它的面积减小，沙地地下水位下降，植被覆盖度降低，流动沙丘扩大，就会直接威胁到呼伦贝尔大草原甚至整个大兴安岭森林生态系统。这将是巨大的生态灾难。"

也正是因为有着如此多的脆弱面，如何不让这些脆弱性显现出来便显得尤为关键。

保护生态的信心与决心

"我的心爱在天边，天边有一片辽阔的大草原……我的心爱在河湾，额尔古纳河穿过大草原……"就像歌中唱的那样，对于这笔自然赋予的财富，呼伦贝尔人充满深情，满含敬意，因而保护生态环境的决心显得格外坚决，信心十足。

额尔古纳市，不仅拥有原始的森林、天然的草原、自然的河流、健康的湿地和野生的动物群落，还蕴藏着丰富的煤和其他矿产资源。8年前，记者曾到此采访时任市长钱瑞霞。为了保护生态环境，钱瑞霞从上任那天起，就给了自己两项"特权"：一是没有她的批准，不允许砍一棵树；二是任何城市建设必须经她同意后才能施工。

8年过去了，记者再次来到额尔古纳市，依然是天蓝、水清，依然是一片没有污染的净土。在号称"亚洲第一湿地"的额尔古纳湿地，游客范洪云快退休了，但

2014年

额尔古纳湿地鸟瞰图
庄白羽/摄影

她等不及"解甲归田",抓住机会再次来到这里:"四五年前我来过,感觉现在的景色比那时候还好。"

钱瑞霞的继任者们依然以高度的责任心守护着这片美丽的土地。"这湿地能成为旅游胜地,就是得益于生态之好。建立这个湿地景区,就是为了更好地保护湿地。一旦生态系统遭到破坏,旅游业也许就走进了死胡同,自己断了给自己的后路。"该市旅游局副局长贺海丽清楚两者之间相互依存、共荣共生的关系,也一直在思考如何通过科学管理、规划等措施来实现双赢。

其实,在整个呼伦贝尔,无论是政府官员,还是普通百姓,保护生态环境、呵护美丽家园已成为共识,成为每个部门、每个单位、每个人的责任和义务。

崔霞说，在开发旅游资源时，全市各地都划定了明确的红线：保护优先，规划时考虑生态承载力，不能超载。

在陈巴尔虎旗西乌珠尔苏木草原深处，风车在呼呼地转动，牧草因雨水丰沛长得格外好。查干诺尔嘎查书记特格喜赛汗说，现在破坏草原的现象很少出现，牧民的生态环境保护意识很强。"保护好生态，维护好这片草原，是生活在牧区的人自觉要做的。"

据特格喜赛汗介绍，现在牧民们自觉组成巡逻队，不间断地巡回，防止有不法分子在草地上挖草药，保证草原不被人为破坏。

发展路径的进与退

"一方面，自然条件决定了呼伦贝尔的生态环境相对脆弱，生态保护与建设任重而道远；另一方面，虽然呼伦贝尔经济多年来保持较快增长，但仍属欠发达地区，人均收入还不高，发展不足仍然是主要矛盾。"胡兆民说，"人民群众对提高生活水平有更大期盼，对享有更美好的生活环境有殷切期盼。如何处理好生态保护与经济发展仍是一项长期而艰巨的任务。"

呼伦贝尔人在实践中越来越强烈地意识到，只发展不保护当然不行，但是只保护不发展也不行。只有加快城镇化、新型工业化和服务业的发展，才能最终实现保护生态、改善民生的目标。

呼伦贝尔集各方面智慧，确立了"美丽与发展双赢"的发展战略，实施了"有进有退"的发展路径。"进"即发挥生态优势，重点推进新型工业化、新农牧林区建设、新型边境区域合作和新型服务业发展，并利用很小的土地面积推进城镇化和新型工业化。"退"即恢复自然生态，拓展可持续发展的空间，重点是调整优化农业结构、草原畜牧业转型升级、减少森林采伐量和关停各类矿山和污染企业。

按照这样的思路，呼伦贝尔逐渐发展成为我国现代化程度最高的规模化、机械化农业基地。海拉尔农垦集团拉布大林分公司110生产队便是例证之一。支部书记胡方胜说："我们生产队总共有3.9万亩耕地，全靠机械设备耕作。每300亩地仅需一个人。去年，我们这里小麦、大麦和油菜的总产量达到8万吨，纯收入达1000万元左右。"

另外，拉布大林农牧场农业科技站站长、高级农艺师张建民说："我们从改善生态环境和促进农业生产可持续发展的角度出发，积极开展了机械化、保护性耕作技术的推广应用。""这样做，一是可以减少麦秸焚烧量，从而减少二氧化碳、二氧化硫、烟尘等的排放；二是可以提高土壤有机质含量，避免同一农作物对同一类型土壤有机质的过分吸收，以增加土壤肥力；三是可以减少病虫害，因为轮播轮种后，病虫害不易累积；四可以提高土壤水分利用率。"乌兰巴特尔解释说。

此外，通过杂交育种、基因突变育种、航天育种等方式选育优质农作物品种也成为呼伦贝尔提高粮食产量的重要措施之一。

不过，我们必须看到，在机械化程度如此之高后，势必会带来部分农牧民的下岗。"一开始我们确实有这样的担忧，但现在看来这些担忧已经基本消除。国家已经通过相应的政策，对失业者进行扶持。另外，我们已经转移部分农牧民开展畜牧业生产，就目前情况来看，这部分的收入并不低。"胡方胜告诉记者。

而在森林建设方面，该市实施了天然林保护、重点公益林保护、三北防护林建设、保护区建设等生态工程；在草原建设方面，采取了禁牧、休牧、划区轮牧等措施，实施了退牧还草、沙化退化草场治理、草原建设等工程。

草原上的牛
庄白羽／摄影

站在新巴尔虎左旗沿海拉尔河沿岸自然形成的一片沙地上，映入记者眼帘的是满眼的绿色。而在2007年以前，这里是一片裸露的沙地，人们见到的是白色或者黄色的流沙。该旗林业局副局长刘再义说，今昔之变，归功于治沙。"从2007年开始，旗委、旗政府对这块沙地实施攻坚治理，用两年的时间完成沙地治理1.5万亩。在短短六七年时间里，这里的流动沙地基本得以固定，植被覆盖率现在达到80%～90%。"

沙化的草原日渐恢复生机，萎缩的呼伦湖也重现老舍笔下"丘原青未了，又到绿波前。湖阔三江水，鱼肥百草泉。白鸥翔紫塞，碧浪映霞天。回望满洲里，北疆最北边"的美景。来自内蒙古自治区气象局卫星遥感监测结果显示，截至2014年5月30日，呼伦湖水位较最低年份水位上升1.77米，创近10年来新高；水域面积较去年同期增加204.5千米^2，达到2043千米^2。

呼伦湖国家级自然保护区管理局宣教科科长程子田告诉记者，目前政府采取的禁牧、生态移民、政策性补奖等措施，气象部门通过人工增雨（雪）等方式增加降水量，对保护呼伦湖起到了非常重要的作用。

生态环境渐好，经济发展也驶入了快车道。

未来之路的坚守与企盼

为了保护环境而"退"，"逼"出了发展之"进"。退，说起来容易，做起来却要克服许多现实困难。

林业曾是呼伦贝尔的主导产业，为呼伦贝尔赢得过经济总量居全自治区第一的昔日辉煌。但随着生态保护的自觉意识和现实要求日渐增强，尤其是随着1998年国家"天保工程"实施后，内蒙古大兴安岭林管局按照国家的部署和要求，逐年加大禁伐天然林面积并大幅减少商品木材产量，林业收入大幅减少；但林区接续产业尚未发展起来，富余劳动力将向何处转移？

内蒙古森工集团森林防火办公室副主任李涛在接受采访时，开玩笑似地向记者寻求"良方"。由于报酬低，护林人越来越少，他又增添了"后继有林，后继无人"的烦恼。牙克石市林业局副局长于海成对此也忧心忡忡："在我们所管辖的林区，25万公顷森林仅有120个护林人。而按照国家相关规定，5000亩森林就需要一个护林人。"

牙克石市森林公安局副局长魏志刚的愿望是完善政策与法律法规体系。由于生态保护与建设法律法规体系不健全，政策措施不完善，环境监察与行政执法能力不高，违法开荒、乱捕乱猎、乱砍滥伐事件仍时有发生。

对旅游管理部门和从业者来说，天气是阻碍其目标实现的最大因素。这里的冬季寒冷漫长、夏季温凉短促，年平均气温在-5～-2 ℃，根河市更是创下了-50.2 ℃的极端低温。"你们都想象不到，这里的供暖期长达9个月。"呼伦贝尔市气象局副局长刘喜元说。

据介绍，游客到该市旅游集中在6—8月，到9月很少有游客了。如果不解决"冷"的问题，旅游经济就会大打折扣。如何另辟蹊径，保证旅游没有空档期？近年来，当地党委、政府在"冷"上大做文章，把冷资源充分利用起来，发展冬季捕鱼、滑雪等旅游，但任重而道远。

胡兆民则建议国家完善生态补偿机制，通过建立持久、稳定的长效机制，对当地政府和广大群众因生态保护丧失发展机会或增加的发展成本给予合理的经济补偿，有效解决生态保护与民生改善、经济发展间的矛盾，更好地保护好生态环境。

虽然前行之路注定会充满坎坷和曲折，但崔霞坚信，"美丽与发展双赢"战略必将结出丰硕的果实，在她向各地宾客介绍呼伦贝尔美景的致辞中必将多出一行行优美的词句：在丰水期的呼伦贝尔大草原上，蓄水量逐年减少的呼伦湖开始涨水了，许多曾因持续干旱而断流甚至消失的季节性河流又开始欢快地流淌；在盛夏的天然草原退牧还草项目区内，重现"风吹草低见牛羊"的迷人风光；在新巴尔虎左旗甘珠尔沙地、陈巴尔虎旗呼和诺尔镇边缘等地，出现了"人进沙退"的可喜景象，一片片网状草格牢牢"抓"住地面，一排排杨柴、樟子松迎风伫立……

第二站：河北
怀揣生态之忧 激活生态自觉

用力摇着橹的老李，把白洋淀的水荡起阵阵涟漪。船很稳，老李很静。因为动作过于熟稔，很难让人想到，他仅仅是个摇船的生手。

"白洋淀的人，生下来就会摇船呢！"老李平静的脸上有了神采，语气里带着一丝调皮。

池面风来波潋潋，波间露下叶田田。午间的困意和暑意顿消，只想看那朵朵小荷，才露尖尖角，就已喜煞人。要说遗憾，唯独缺了荷叶罗裙一色裁的景象，觅不到"乱入池中看不见，闻歌始觉有人来"的意境。

实际上，人们很难抗拒自然的美，因此，不会计较它的缺憾所在。只要大自然鬼斧神工的能力未消失，人们懂得欣赏它、保护它，一直秉承尊重自然、顺应自然、保护自然的生态文明理念，并能为它的以后持续进行着打算，这已算是一种"相对的完美"。

说到白洋淀的成因，还有个传说。相传很久以前，一个中秋之夜，嫦娥仙子偷吃了仙药，身不由己，飘飘然离开月宫。就在她将要落入凡间的一瞬间，猛然惊醒，随身带着的宝镜落入人间，摔成了大大小小的143块，形成143个淀泊，便是后来的白洋淀。

90多个大小不等的湖泊、3700多条沟壕、12万亩芦苇、39个岛村形成了大小不等、形状各异的143个淀泊……可以想象，白洋淀这个"华北之肾"，在起着怎样的生态净化作用。

盛夏的白洋淀，莲菱蒲苇随风摇曳，乘船的人儿悠然自得。但摇着橹的老李，黝黑的脸上露出了居安思危的神情，"我在这里住了40多年，不知道再过40年，这里会不会被破坏"！

老李的担心并不算多余。如果人们都能有一丝生态之忧，有一份生态自觉，有一种更全面、深入的生态价值取向，"生态兴则文明兴"的盛景想必来得不会太迟。

"北国江南"河北白洋淀掠影

2014年7月21日,《中国气象报》社记者采访团在21—25日走进河北,对"华北之肾"白洋淀湿地、"东亚地区蓝宝石"衡水湖、太行山"最绿之地"邢台前南峪等生态保护区进行深度考察和采访。首先,采访团一行来到河北安新县气象局,针对白洋淀湿地的生态保护现状、生态平衡、湿地管理、气候调节作用与未来发展趋势,采访了来自气象、水利、农业、湿地管理等各部门的专家。

"绿镜头·发现中国"外景主持人王晨正在采访专家。据了解,近年来,白洋淀湿地管理办加大了对湿地生态的保护力度,很多濒危物种得到保护,消失多年的灰鹤重返白洋淀湿地
姜虹/摄影

采访团泛舟淀上,拍摄白洋淀湿地外景,采访当地居民。白洋淀作为华北地区最大的湿地,被誉为"华北之肾",在保护生物多样性和维持生态平衡等方面发挥了巨大作用,同时,白洋淀也是海河流域大清河水系最重要的蓄滞洪区,在生态平衡和气候调节上发挥着重要作用
姜虹/摄影

荷花和芦苇是白洋淀湿地的两种主要野生植物,是白洋淀的两大宝。植保部门专家介绍,它们的病虫害很少,自然生长。水利部门专家说,2014年由于水位偏高,荷花生长得不如往年繁茂
姜虹/摄影

随处可见荷苇共生的情形,它们就像一对十分默契的夫妻,荷花冰清玉洁、芦苇柔韧坚强,两者"相濡以沫",为这366千米^{2}的白洋淀湿地带来了无限的生机与活力

姜虹 / 摄影

我们的镜头捕捉到到了这样一对夫妻,他们在一条小船上相对而坐,守着渔网,静待收获。白洋淀区的10万居民,大多数都是靠水吃水,日子过得辛苦而忙碌,但却十分安然

叶海英 / 摄影

上：我们的艄公是个沉默寡言的人，他每天在这淀上迎来送往，每年的 5—10 月，是这里的旅游旺季

下：白洋淀的生态环境保护关系着千家万户的生计，是生态安全系统的重要组成部分

叶海英 / 摄影

"反哺"衡水湖

"一开始,你来了还想来;以后,叫你来你都不想来——这可不是我们想要的效果。"河北省衡水湖国家级自然保护区管委会综合办副主任、外宣局长米俊山心里的弦是绷紧了的。他知道,"衡水湖"这块牌子,万万不能被砸了。

人与水的抗衡持续了千年,"十年九灾,不旱即涝,盐碱低洼,种一葫芦收一瓢"的说法,不无道理。但是,衡水湖能真正"活"起来,有着它自己的"路数"。

如果说它像一幅水墨画卷,如春水清波浩渺,如夏荷烟笼云霞,如秋苇摇曳生姿,如冬雪冰雕玉砌,那作为华北平原唯一保持水域、沼泽、滩涂、草甸、森林等

湖水中芦苇荡漾
姜虹/摄影

完整湿地系统的国家级自然保护区，衡水人民对它的保护，就像保护自己的眼睛。

只索取它带来的资源优势，而不保护它，无异于竭泽而渔。

"我们对衡水湖湿地的保护，是从感性治理，过渡到了理性治理。" 米俊山说，感性治理阶段，是在积极保护；而到了理性治理阶段，更倾向于科学保护。

基于对湿地保护的感性认识，2002—2012年，相关部门坚决把外围污染清除干净。"拆、堵、清、种"，米俊山简要说完策略，而后提供了一组数据，比如，陆续搬迁湖区周边413家企业、作坊，拆除60多万米^{2}有碍观瞻的建筑物，特别是2012年成功拆除了多年来一直想拆却未拆成的最后一处污染点——原冀衡农场2.1万米^{2}老旧住宅区，解决了此地多年滥排滥倒难以根治的问题。另外，封堵了所

船在水中游
姜虹/摄影

有的入湖排污口；一次性清理取缔了1.38万亩网箱、拦网等；种树植绿，环湖造林面积达3万多亩，形成生态防护林带。

"到理性治理时，我们对湖里淤积多年、厚达50～150厘米的底泥进行清除。这些底泥一旦破坏水质，后果不堪设想。"米俊山亲身经历过这项治理，也对2012年启动的衡水湖清淤疏浚工程深感欣慰。

在这个"理性标杆"上，监督手段的现代化、科技支撑、长效机制等，都是一个个记号。

保护区管委会绿化办主任李宏凯在纸上为记者写着一种种鸟的名字：须浮鸥、衰羽鹤、白琵鹭……他握着笔的手缓慢、有力，就像这些年对衡水湖循序渐进、力拔山河般的治理。

"在这里栖息的鸟类有300多种，水质由过去局部劣Ⅴ类达到总体Ⅲ类；大气负氧离子含量也很高……"李宏凯列举着这些保护效果。

而回看衡水湖的原貌，1958年，人们在这里刚开始围堰筑堤时，第一次蓄水并不成功，由于配套不完全，反而盐碱问题更为严重，只好弃水还耕。后来，经过反复蓄水、复耕，直到1985年才完成了由"洼"到"湖"的蜕变。

"保护它，不能在条件不成熟的情况下'硬'发展，也不能在限制或禁止开发的区域'乱'发展，更不能盲目发展。"米俊山坦诚地说，保护区范围内可开发、

湖中小岛
姜虹/摄影

水中一角
姜虹 / 摄影

利用的生态资源是有限的,可开发、利用的空间也有限;资源本身是脆弱的,不能无度开发。保护与发展要权衡好的话,首先,还是要把保护工作做好。

可持续的路,是生态系统良性运转的不二选择。"未来的衡水湖,每年将清理1/3面积的水草,也就是3000~5000亩,保持水体的洁净度;我们还购置了一批监测生态指标的仪器和设备,能掌握湿地的科学数据,为保护和发展它做科技支撑。"李宏凯与米俊山对接下来要做的事,了然于心。

"雏既壮而能飞兮,乃衔食而反哺。"幼小的鸟尚且懂得在长大后反过来赡养自己的父母;一代一代的国人,又该如何保住千年矗立的山和一汪汪池中水,让山常青、水常绿?其实,它们就像生态父母,给予人类珍贵的生态资源,让人在生态这一大系统的护佑中,感受生活的美好。

"反哺"衡水湖,没有完成时,只有进行时。当"落霞与孤鹜齐飞,秋水共长天一色"的美景让人尽收眼底时,如何回馈衡水湖,对它不断地"好下去",是需要时时"掉转头"或"拐个弯儿"思考的问题。

生态之村"前南峪"的故事

在河北省邢台市以西60千米处,有这样一座村庄,它依山傍水,有清新的空气,被满满的绿色围绕着。这就是邢台县前南峪村,被誉为"太行山最绿的地方"。

前南峪村
姜虹/摄影

前南峪森林覆盖率达90.7%，植被覆盖率高达94.6%。也许您不知晓，曾经的前南峪村并非一位"绿色仙子"。1963年海河的特大洪水，前南峪村未能幸免。洪水把这里的640亩地毁至340亩。

前南峪村葱郁的林木
姜虹/摄影

上：《中国气象报》记者王晨正在采访村支书
下：前南峪开展了水土保持工程，大力植树造林
叶海英/摄影

从山顶俯瞰前南峪

姜虹 / 摄影

由此,人们意识到,生态环境成为影响人类生活的重要制约因素。前南峪村开始治山、治水,还林、为民。

为了防止悲剧重演,前南峪开展了水土保持工程,大力植树造林,并在山坡上挖下许多鱼鳞坑。

从山顶俯瞰前南峪,景色非常美丽。

如今,前南峪积极发展生态旅游产业,被评为全国百家农村生态旅游示范园、全国旅游示范点、国家森林公园、国家ＡＡＡＡ级风景区。

"红和绿"一搭 发展"顶呱呱"

"这些'落后'的苹果树和效益极低的品种,属于面临枯竭的资源。咱们能不能来它个二次创业?"20世纪末最后的年头,前河北省邢台市邢台县浆水镇前南峪村党支部书记郭成志在一次会议上提出"颠覆式"战略。

前南峪风景
姜虹/摄影

"咱们当年就是在一张白纸上作画,现在那张白纸已经画满了果树,又如何在上面再作画,莫非往画上再涂一层画不成?"面对村民的疑问,郭成志把笑脸转向了自己的副手郭天林:"你来回答这个问题。"

如今的副手,已接过接力棒多年,成了村里的"一把手"。他用眼下"红和绿"的生态结合样本,做出了圆满回答。

红，是指红色旅游。在抗日战争最艰苦的岁月里，为中国革命做过卓越贡献的抗日军政大学转移至太行山脉深处，在敌人的后方办学。"后来，抗大总校校部就坐落在前南峪村。眼下，抗大纪念馆已经成为一块红色招牌。"郭天林说。

而谈到绿，得从1963年的那场洪水说起。"那一年，洪水将前南峪的600多亩地冲毁到只剩300多亩。冲完后，我们咬紧牙，开始治沙。当时主要是栽树，以生态林为主，到2001年以后，把生态林全部砍下，种上经济林。"郭天林回忆道，曾经，18万余棵的板栗和其他果树资源并没有让村里的人产生"一劳永逸"的念头，相反，他们在想，能不能创造出比这高出几倍的资源？

这就是后头迎来的"经济作物时代"。村里引进了8个国家的经济作物品种，比如乌克兰大樱桃、美国大杏仁、澳洲秋红油桃，形成了本村自己的种植、创收模式。

美丽的村庄
安娜／摄影

"原来,这里的气候是干旱少雨。只要一下雨,雨水就顺着坡冲下来,开始发大水,泥石流也紧跟着就来;通过大面积植树造林,现在,村里的植被覆盖率达94.6%,森林覆盖率达90.7%,成了一个天然的大氧吧、一个旅游玩耍的好地方。"郭天林骄傲地说,通过治沙、治水,天蓝了,山绿了,水清了,人也富起来了。

但傲气的内里,有傲骨。从1963年到现在,如果没有50余年不辍的生态资源开发与利用,没有"前南峪速度",没有生态治理效果,"太行山最绿的地方"的美誉和联合国环境规划署"全球五百佳"提名奖便不会落在燕赵大地的这个小村子身上。

绿,确实绿,满眼的绿。尤其在山顶鸟瞰全村时,更让人由衷地发出赞叹。

村民郭海庆面对记者,很抒情:"越绿越好。我在这里生活了50年,小时候,这里全部是荒坡,只有面积很小的果树;村里改造后,山上都绿了,环境也好了,我心情很愉快,干活时很高兴。村子给人带来希望,带来幸福感。"当被问及是城市好、还是农村好时,他没犹豫:"当然是农村好。你看这里空气多好。"

在村里,原来"家家户户烧柴"的情景,已变成"两个人烧火,全村人做饭",很好地保护了当地环境。村民家都在用秸秆气,卫生、环保、安全,又解放了劳动力。生活在这个有全国旅游示范点、国家森林公园、国家AAAA级风景区等诸多称号的地方,理应更好地保护这里的山水、草木,而用秸秆气,只是其中一个体现。

再造秀美山川——用绿植修剪出的这6个大字,嵌在山间,生动鲜活。单凭一个"再"字,让到访的客人看到了前南峪人在追逐美好生态时的锲而不舍、壮志雄心。

而当下"红和绿"搭配的发展模式,让这里的名声叫得响,名誉守得好,发展立得住!

顺着这条路走下去,在发展中创新,在创新中发展,则未来可期。

前南峪缆车观景

姜虹 / 摄影

2014年

第三站：黑龙江
拜泉：一个发展生态农业的样本

在黑龙江省中西部，有一个名为拜泉的小县，早在多年前它就曾以大搞植树造林、发展生态农业闻名全国。

在当今生态文明建设被纳入国家"五位一体"总体布局的形势下，再来回看拜泉这30年的生态农业实践之路，颇具启示性。

时间回溯到20世纪70年代，由于人口急剧增长，在经济建设的需求下无节制地毁林毁草开荒，让拜泉县的生态环境日益恶化且亮出"黄灯"，干旱、风沙、洪涝、水土流失等自然灾害叠加出现，全县森林覆盖率下降至3.7%，黑土层厚度由1米锐减到30厘米，年流失表土厚度达4毫米，坡地种田跑水、跑肥、跑土严重。随之而来的是生态性贫困，粮食亩产不足百斤，农民人均收入不足百元。县域经济陷入越穷越垦、越垦越穷的恶性循环，甚至让拜泉戴上了"全国贫困县"的帽子。

在温饱这道百姓生存的底线面前，拜泉人民警醒地认识到：今天的地球不是从祖先那继承来的，是从子孙那借来的。从1986年，自农业生态环境保护被列为拜泉县发展战略开始，当地就开启了一段与大自然交朋友的历史。

在此，不得不提及在这个过程中成长起来的标志性人物王树清及他的"绿色传奇"。

1975—1998年，王树清从拜泉县三道镇党委书记走到县委书记的岗位；2007年，他从齐齐哈尔市副市长的岗位上退休。如今，还有两个月就70岁的他，没有一天不是揣着绿色梦想过活的："我就是要在绿色的舞台上舞出雄壮的戏剧。"这是他在见到记者后说的第一句话，也是记者在各种历史证明中看到的他的形象。

在王树清的组织下，拜泉县通过生态工程建设建造了一个农田防护大林网，严密地保护了361万亩黑土地；他身体力行，叫响"靠苦干、求发展"的精神，治理水土流失面积239万亩；他公开声明"树是我爹"，让全县人养成爱树自觉……

30年来，尽管拜泉县的执政者出现更替，但是走生态农业路子的理念却始终在坚持、在发展。在持之以恒的生态农业建设实践下，全县通过植树造林，治坡治

原齐齐哈尔市副市长王树清
姜虹/摄影

沟，累计完成人工造林123万亩，森林覆盖率由原来的3.7%提高到23.7%；坡耕地泥沙流失量减少89%，土壤有机质含量提高0.51%，连续20多年未发生风剥地，粮食亩产由1980年的90千克提高到现在的900多千克。2013年，在遭受严重春涝、洪涝灾害的情况下，全县粮食总产量达到20亿千克，创历史新高。

据拜泉县气象局局长王亭富介绍，由于生态环境的改善，拜泉县形成了有利的农田小气候，群众称之为"下雨戴帽，刮风绕道"。在近几年农业生产上还呈现出周边大旱、拜泉小旱，周边小旱、拜泉无旱的局面，而且近5年都没有发生严重的雹灾、沙尘暴等灾害。

如今，王树清退而不休，终日仍在追逐绿色梦想。他和志同道合者用理论研究和生动实践不断丰富着生态农业的内涵和外延，并一再强调：提倡生态文明，绝不能为了种树而种树，为了生态而生态，要让生态与产业共同兴旺，要实现生态、经济、社会效益的同步增长。

上、下：生态环境改善后的拜泉风光
姜虹/摄影

离乡，是另一种回归

扎龙的水，就是扎龙的血液。当丹顶鹤扑棱着双翅啄于水中时，更是给这血脉添了活力。但是，人的存在却不能像鸟一样被推崇，尤其在黑龙江扎龙国家级自然保护区的核心区。

13个自然屯、5400多名居民，生活在核心区的这些人们正陆续搬离这片湿地。面对珍奇鸟禽、湿地保护、生态平衡，人没有理由去和鸟争抢"地盘"。谦让退出比执意居住来得更加大度和理性。

"地方就这么大，人和鸟再去争的话，不像话。但是搬出来的时候也不舍得，故土难离嘛！"扎龙村村民徐民占是15年前从核心区搬出来的。在里面居住时，割芦苇、打鱼、种地是他家主要的经济支撑。周围家庭的生活来源也大致如此。

但是，这种生活状态的复制，却无法打造出一个能称其为"样本"的东西。因为割芦苇会导致湿地内的积碳减少，原始状态将遭到破坏；而过度捕捞对湿地的危害更大。

扎龙自然保护区　　　　　　　　　　扎龙自然保护区内景观
王晨/摄影　　　　　　　　　　　　姜虹/摄影

"人多了,鸟就害怕。现在是拖拉机种地,'咣咣'响,动静大,可不比以前牛和马拉车耕地,一声不吱!"徐民占说,为了湿地里的鸟禽村民举家搬迁,看似代价大,但搬出来后发现是另一片天地。交通方便了,信息通畅了,孩子入学方便了,来钱的路子还广了。拿收入来说,非但没少赚,保护区内优先为外迁居民提供工作岗位,有人开电瓶车,有人做景区导游,有人当鹤的饲养员……

　　人鸟争食的最终结果,表面上是鸟败了,但食物链的断裂意味着人类也未必是真正的赢家——正是因为有了这样的意识,住在自然保护区的人们开始一个个主动往外搬迁。生态迁移,既立竿见影地保护着生态,又从长远意义上给当地居民营造着更好的环境。这是兼顾、兼得的好法子。

　　自然保护区核心区面积有700千米^2,短时间内让村民全部迁出来,并不现实。但是,不管村民"走没走"、置身何处,能让湿地里的各种珍稀动物种类越来越丰富、数量越来越多、呆得越来越舒适并能更好地"留"下来,这是不变的主题。

左、右:扎龙自然保护区内景观
王晨 / 摄影

为了留住它们、护好它们，有的村民很有作为。自然保护区科研监测中心主任逄世良给记者讲了个故事。前些年，湿地的科研人员出去做野生动物调查，看到一位农民逮了一只大天鹅。由于受伤，这只天鹅飞行能力很差。一个有钱人说："我给2000块钱，买了！""不行，天鹅是受保护的，我要把它交回管理部门。"农民回答时没含糊。

逄世良说，这也是宣教成绩的体现。老百姓想在某块地上做点事的时候，经常来征求科研监测中心专业人士的意见：什么样的环境不允许开发？把这块地用了是否违法？但是，一些村民还是分不清在自然保护区内，哪些是试验区、哪些是缓冲区。实际上，核心区和缓冲区是不能被开发的，试验区允许一部分被开发。类似科普宣传教育工作，还在不断拓展、加深。

当前，《国家湿地保护条例》处于酝酿出台的进程中。2003年出台的《黑龙江湿地保护条例》，无疑起了很大作用。但扎龙自然保护区管理局鹤类繁育中心的工程师高忠燕认为，条例的执法力度仍需要加大，有时候更多地是起到一种"参照作用"，没有起到真正的"震慑作用"。

2012年，国家发改委立项，将扎龙湿地保护区内的5个村屯纳入了拆迁规划。这几年，越来越多的人走出来了。离乡的村民在何时返故土这个问题上，也体现出了生态自觉。"我们有时也会回到核心区，但一般是等到鸟筑完巢之后的孵化时期回。它们在窝里，就不容易被干扰。"

日后，随着搬出来的人越来越多，自然保护区内的鸟和水禽将获得更加纯粹的环境。

我们走，是为了你们更好地留——这也许将成为更多村民乔迁时最质朴的原动力。离乡，是另一种回归。

从标准到精准 争取创出个样本
——感受发展中的五常市现代农业

"全国大米看五常,五常大米看民乐,民乐大米看合作社!"在黑龙江省五常市民乐乡阿里郎农业机械化种植农民专业合作社,副乡长李玉梅诙谐、嘹亮的一句话,逗乐了在场的人。

除了粒大、香浓,五常大米还被冠以"唯美"之称。可见,在满足味蕾之外,它已内化人心。

如果五常市在名声上的"破蛹"是借助了"大米"的力量,那它的今日"成蝶",极大的推动力在于现代农业。

《国务院关于印发全国现代农业发展规划(2011—2015年)的通知》明确指出:"在工业化、城镇化深入发展中同步推进农业现代化,是'十二五'时期的一项重大任务。加快发展现代农业,既是转变经济发展方式、全面建设小康社会的重

全国大米看五常,五常大米看民乐,民乐大米看合作社
姜虹/摄影

要内容，也是提高农业综合生产能力、增加农民收入、建设社会主义新农村的必然要求。"而五常市黑土肥沃、气候适宜、日温差大，加上由森林围成的"盆地"，形成了五常市独有的生态环境。

"寸水不漏泥"，这是面对田地耕作时的一种讲究，要求翻、旋、耙时力求田面平整、土壤细碎、无硬土块、地平如镜。五常市农业局局长伊彦臣说，就是类似的"讲究"，才能保证科学化种植、标准化种植，甚至是精准化种植和栽培。

身上挂着无线麦克风的卫国乡东方集团示范园区总经理杨树泉娴熟地穿梭在自家的"车间"里。立体育秧、智能浸种、催芽，这些农业操作程序无不体现出现代感。由于有感应设备，当地里缺水时，坐在屋子里的人一按键，水就开始浇灌，无需人跑到现场。所有大棚的水分、温度和土壤湿度情况，在电脑上都一目了然。如果某项指标高于或低于事先设定的标准值，电脑会自动进行调整。

在五常市的名片中，"商品粮、设施蔬菜、畜牧业"的前面，被冠以"基地""示范区"等有分量的词汇。但是，伊彦臣坦言，现阶段的现代农业更多地体现在基础设施建设方面。而配套设施在逐步完善的同时，"科技化"在逐步显现。

当地现代农业发展典型企业卫国乡东方集团示范园区的智能浸种车间
姜虹/摄影

"从育苗开始,全程都是机械化。"每天都下乡的伊彦臣对当地农业每一小步的发展,有着至深的感受。

"生态基本无污染",伊彦臣抛出这样的观点,理由在于此地的地势北低南高,大部分水从南部来;而当地两大水库灌溉水稻,水源地上游无工业,森林覆盖率达90%,所以从目前的环境来看,还不需要刻意治理。

"五常市的农业标准化程度高。下一步是往精准化迈进。提高科技水平,让物化设施到位,同时要提高农民的受教育水平。"伊彦臣认为,这要先从园区做起,从设施农业做起,进行标准化农业到精准化农业的转变与提升。

而春季的育苗、秋天的收获、降雨的作用、大雪的预防……农田里每根苗"脸上"的晴雨变化,哪一项和气象这个"晴雨表"能分开?

农业部门的人对气象服务是满意的。在建立现代农业示范区时,气象部门配合得非常好。"跟得紧!我们建一片,气象服务就完成一片。""农民种地,有时候是凭感性和经验,虽然大方向是对的,但看天、凭感觉,达不到精细化程度。""没有气象部门,不行。"

农业现代化,重点就体现在农民增收上。从标准化到精准化的现代农业发展路,需要农业、气象、水利、林业等相关部门的不断合作。

各部门如何继续联动,是在不断加强、摸索中的,也是需要不断进行模式创新的。真正扑下身子为民想、迎着群众期盼走,换来的必然是农户的频点头和涨鼓的钱袋子。

是什么成就了五常大米

2014年8月14日,在五常大米的种植发源地和最核心产区民乐朝鲜族乡的稻田地里,葱郁的稻秧上缀满了日渐饱满的稻粒,此时正是水稻的灌浆期,如果未来5天能继续保持像今天这般晴朗,就可以断定该年水稻必将丰产。

在黑龙江的版图上看,五常市作为省会哈尔滨下辖县级市,位于全省南端,临长白山余脉张广才岭西麓,地貌呈现"六山一水半草二分半田"。农业是全市经济发展的四大板块之一,在农业生产中水稻种植比例占50%,为228万亩。这块土地的产量不仅寄托了当地水稻种植户们致富的希望,还受到了更多等待能将美味端上餐桌的食客们的关注。

稻田风景
姜虹 / 摄影

2014年

　　印象中似乎没有一种主食能像五常大米一样，不必经过复杂烹饪工序，就能以其诱人的香气和糯软的口感赢得人们的青睐，并且声誉远播、供不应求，甚至于优等品叫出199元一斤的高价后仍不乏应和者。到底是什么成就了五常大米的优良品质？五常市副市长杜泽春对此给出了答案。

　　杜泽春将原因归结为地形、土壤、水系和培育四个方面，总体又可以分为地理气候条件和科技人为介入两者。五常的自然生态环境好，地势呈现三面环山、一面开口的"C"字形，一边是高海拔的山脉遮挡了东北风，另一边的开口处则迎入松嫩平原的暖流，形成了特有的山区盆地小气候。盆地内光照充足、昼夜温差大，对水稻生长十分有利，确保了大米中直链淀粉含量适中、支链淀粉含量较高，因此，口感和营养自然就好。五常大米栽植的这片黑土地厚度达两米，它是经过上亿年的腐蚀、河水冲刷、地质变迁形成的，是全球唯有的三块黑土地之一，腐殖质含量较高。同时，当

稻田风景
姜虹 / 摄影

地有着丰富的水系，其水质达到国家一级饮用水的标准。"这里的水都能直接饮用，可以说我们的水稻都是喝优质矿泉水长大的。"杜泽春对此颇为自豪。

"水稻专家通过30多年的田间培育，最终确定了稻花香等适宜这块土地播种的品种。"杜泽春同时将水稻的品质保障归结为水稻栽培耕种科学技术，这个结论同样是袁隆平院士在考察五常后所认可的。有专家试验发现，同样的品种在五常以外的地块种植，产品的口感也是有差异的，由此可见因地播种的重要程度。在黑龙江省农业委员会的有机水稻试验田边，记者发现水稻均以两行密一行宽的间距排列，了解方知当地就是运用这种较为独特的宽窄行交替栽培方法有效保证了水稻的透光透气性，从而也保证了水稻的品质和产量。

此外，在发展现代农业的大背景下，杜泽春认为，技术领域也离不开气象科技的融入，特别是近两三年他发现这种融入带来的变化尤其显著："过去农民是埋头种地，没有充分的气象资料，无法达到科学种田的效果。现在气象科技进入现代农业生产园区后，生产者根据气象部门提供的降水量、积温、日照时数预报及实时监测数据，更合理地安排生产，保证产量。"

然而，在生产得到保障后，我们却不得不忧心消费环节。随着五常大米的品牌化效应越来越显著，社会上曾传言：市面上九成以上冠以"五常"名号的大米都是假冒产品，甚至哈尔滨本地居民都无法吃上真正的五常大米。更有人以"包中的路易威登、酒中的茅台"来形容五常大米被"侵权"的处境。

对于如何保障消费者能吃上真正的五常大米这个困惑，杜泽春既承认了现实的无奈也表示了坚定的态度："打击假冒五常大米的难度比较大，但五常大米是百姓用嘴尝出来的真正的口碑产品，这是祖宗天赐的资源，我们要当作生命来保护。"

他告诉记者，对于五常大米的品牌保护，从省到地市级政府都很关注，在宣传上、种植标准上也采取了相应的措施强化品质认证。在五常市，稻米协会对产业进行整合，对选种、种植、收割、加工到消费终端各环节都建立了监管体系。据悉，在当地2014年底即将建成的物联网可以追踪大米从生产到上餐桌的所有流程。今后，在五常大米的包装上，只要一扫二维码，就能知道大米是哪个乡、哪个村、哪一户在哪个地块上种出来的；通过网络，还可以调用影像监测图随时查看田间生产状况。这种追根溯源的法子，也将成为消费者识别真伪的一种有效途径。

2014年

第四站 新疆克拉玛依
"绿镜头"看上"黑油山"

  2014年9月18日,《中国气象报》社"绿镜头·发现中国"系列采访活动的第四站"站"在了新疆维吾尔自治区克拉玛依市,与这个"共和国石油长子"邂逅相识,深度接触并促膝长谈。采访报道组成员来自《中国气象报》社、中国气象局气象宣传与科普中心和《人民日报》《光明日报》《中国气象报》新疆记者站等。9月18—20日,采访组进入"油城"生活和生产的各个领域,探求它充满男儿血性和女性柔美的奥秘。

美丽的油城克拉玛依夜色
潘继鹏/摄影

"克拉玛依"是维吾尔语"黑色的油"的意思，是世界上唯一以石油命名的城市，被喻为"共和国石油长子"、中国石油工业的西圣地。"忆往昔，峥嵘岁月稠。"1955年10月29日，克拉玛依一号井喷出原油，宣告了新中国第一个大油田的诞生，毛主席做出了号召全国支援克拉玛依油田建设的指示。1958年5月29日，经国务院批准克拉玛依正式建市。从此，一座崭新的石油城市在戈壁荒原上拔地而起，它辉煌的创业成就当时被朱德副主席誉为"一个动人的神话"；其美丽的名字随着一曲《克拉玛依之歌》传遍祖国大江南北。

克拉玛依建市50多年来，从当初"没有草、没有水，连鸟儿也不飞"的戈壁荒漠，发展成为一座经济充满活力、环境充满魅力、社会繁荣和谐、人民安居乐业的现代化宜居城市，先后荣获全国文明城市、国家环保模范城市、国家卫生城市、国家园林城市、中国优秀旅游城市、中国人居环境范例奖等荣誉称号，被确立为全国可持续发展试验区、新疆重点新型工业化城市和循环经济试点城市。

诗人艾青曾经这样动情地比喻克拉玛依："最沉默的战士，有最坚强的心。克拉玛依，是沙漠的美人。"今天的克拉玛依人，正在让这个曾经从风沙中走来的"沙漠美人"，步入这座石油之花、富饶之花、文明之花、科技之花、现代之花竞相争艳的盛大花园之中。

"不让一滴油落在地上"

以前，车随便在这里跑；现在，车行至此，只能"走自己的路"。

以前，油田抽油机里的油可能会滴滴答答地渗在盐碱地里；现在，遍寻踪迹，看不到一滴漏油。

"绿色油气田"，是克拉玛依石油人的发轫与践行。

在当地露天的绿色集油站，24小时连续运转的抽油机把石油从地下抽到地面。轰鸣声虽有，却不刺耳。

新疆油田公司采油二厂副厂长、安全总监蔡贤明用活跃、自然的肢体语言为记者介绍着这里的"绿色做法"："在当地油气公司的发展理念中，'环保'是排在第一位的，原则就是'绿色油气田'。我们不但要把油采出来，还要给子孙后代留下美丽的青山绿水。"据他介绍，新疆油田是从2008年开始创建"绿色油气田"的活动，但是除了"规定动作"外，厂里总希望有些"自选动作"。

采访石油工作者
潘继鹏/摄影

克拉玛依油田
潘继鹏 / 摄影

在这里,"绿色油气田"怎么创建?从一滴油开始!

"主要是不让一滴油落到地上。你们可以看看这个井场,没有一滴油漏在外面。"蔡贤明说这话时,指着周遭的环境,带着记者360度转身看着地面。确实,记者在地上看不到一滴油。

油引出气,气引出水。这种理念一脉相承——不让一点废气进入大气,不让一滴污水污染环境。

每天,厂里产出的两万多立方米废水,全部经过处理后,再回注到地下。因为采出油后,地层需要有能量补充,需要注水进去。而对这部分经过处理后的水的利用，既节省了清水，又降低了能耗。采出来的天然气则经过加压等环节处理，被千家万户所使用。"而很多年前，在较为粗放的发展模式阶段，可能会选择把这些天然气全部放空烧掉，那种方法会造成大气污染。"现场的一位工作人员说。

在8级大风里，厂里的巡检人员一手提着工具，一手拿着垃圾袋。蔡贤明说："大家都会把垃圾集中回收。"工人们在井下作业时，也会按照要求在地上铺上一层膜。当油管被拿出来之后，工人们会将其放在这层膜上。不然，油容易渗入到地下，不仅污染地表，还污染地下水。

而在组织人员、车辆到石油开采点进行巡检时，单位专门为人、车开了一条道，要求严格在这条路上行驶，不乱开道，不随便开车乱跑。"盐碱地上有很多'碱壳子'，这些'碱壳子'要5年甚至10年左右才能形成，一旦被车轱辘等碾压破坏，尘土马上飞扬。所以为了保持原始地貌和植被，我们的石油工人很小心。"蔡贤明说。

"绿色油气田"里的"绿色"，不只单纯地体现在各种形式的环保上，还有技术的进步、产业的升级、现代化进程的加快。

比如，现在抽油机的抽油过程是全自动的，但需要采油工人不定期来巡检、取样，并进行必要的维护。接下来，厂里要搞物联网项目，以后，工作人员无须到现场，所有的内容会通过传感设备传递到单位的中心站。每个抽油井的工作情况都有摄像头监视，产量、工况等信息尽在掌握中。如此一来，工人的劳动强度将会大大减轻。

蔡贤明认为，"绿色油气田"最终要保护我们的生态环境，"如果不做这些工作，地上可能到处会是油点子或者是成片的油渍"。

与"绿色油气田"相对应的绿色气象服务也不断在呈现。克拉玛依市气象局副局长冀新琪介绍道，这种绿色服务，更多地体现在人工影响天气工作上，这是一项很好的改善生态环境的工作。通过增水，植被可以获取更好的水源，得以更好地生长或恢复。接下来，气象服务也会体现出创新性，比如加大对气候资源的认知和研究，以及对太阳能、风能资源的普查与利用力度。

当油田工人不让一滴油落在地上的理念在践行时，克拉玛依的气象人也竭尽所能，让绿色油田、生态油田更美好地可持续发展。

沙漠边缘的绿色奇迹

风扬起沙子，沙丘的纹理缓缓发生变化。2014年9月19日，在新疆维吾尔自治区克拉玛依市白碱滩区林海公园的边缘，记者才找到了沙漠的踪迹。

这是克拉玛依林海公园保留的两块沙漠原始地貌之一。"很多摄影爱好者喜欢到这里来，拍拍日出或日落。"绿成农业开发有限责任公司员工庞希坤说。

作为克拉玛依人，庞希坤更为自豪的是沙丘对面成片的人工生态林。这片长4千米、宽1.7千米的狭长形土地30年前还是白茫茫的戈壁滩，现在已经被郁郁葱葱的林木所覆盖。于是，在沙漠边缘，以公路为分界线形成一边狂沙飞舞、另一边则蔚然成荫的奇异景象。

而这些人工生态林都是克拉玛依人一手栽种的。

克拉玛依曾是一座"干渴"的城市，多年平均降雨量为108.9毫米，蒸发量为2692.1毫米，是降雨量的24.7倍，同时，年平均8级以上大风日数达64.5天，生态环境十分脆弱。"在沙子里种树，难度可想而知。"庞希坤告诉记者。

1997年，随着引水工程带来水源，克拉玛依人动用200台挖掘机，将原来沙丘全部推平，硬是在沙地里种上了树。

克拉玛依防风林
潘继鹏 / 摄影

乌尔禾魔鬼城
潘继鹏/摄影

现在这片生态林在防风固沙和调节地区小气候等方面发挥了重要作用。庞希坤说："2002年以前，每当刮风时，沙子打在脸上的感觉非常疼，现在基本不会有这种现象了。"

林海公园是克拉玛依市绿化工程的一个缩影。2012年，克拉玛依启动了"大绿化"工程建设，计划通过5年时间，加快国道、省道、高速公路、铁路及城区间快速道防风林建设，实施克拉玛依河东段改造、九千米湿地环境保护治理、金龙湖公园等园林景观改造与建设，实施森林公园、城区道路等166项新建、改造绿化工程，新建绿地7.3万亩，基本实现"森林围城"的城市生态格局。截至采访，克拉玛依已启动106项绿化工程，新增绿地面积2.82万亩。

"以前克拉玛依没什么高楼大厦，主要是考虑到大风的影响。"新疆油田公司采油二厂员工蔡萌萌告诉记者，因为有了成片的树林遮挡风沙，现在克拉玛依的高楼越盖越多。最近3年来，克拉玛依共组织1400余家单位、21.99万人次参加了全民义务植树活动，换填土方48.96万米^3，施肥2.9万米^3。"这不是浪费时间，大家都知道这是好事，是值得的"。

当天中午，克拉玛依迎来9月的第一场雨。"越靠近林海公园，雨势越大。雨对出行的人可能会比较麻烦，但对克拉玛依人来说，这样的雨非常宝贵。"新疆克拉玛依市气象局工程师宁世远望着林海公园里那些在风雨中摇曳的白杨说："过去说种一棵树比培养一个大学生还难，看看这些树，像不像绿色的大学生？这么多的树，这么多的'绿色大学生'扎根在克拉玛依，为克拉玛依人遮挡着风沙。或许在南方，大家对这样的树林司空见惯，但是对克拉玛依人来说，拥有这么多的绿色，简直就是奇迹。"

油田开发到哪里，气象服务就做到哪里

20世纪80年代末，冀新琪刚到新疆维吾尔自治区克拉玛依市气象局工作。

有前辈指着气象局院子里的一棵树并问他："你觉得这棵树长了几个年头了？"这棵树和克拉玛依其他地方的树木一样因为常年被大风吹而朝东南方歪着，背风的一侧有叶子，迎风的一侧则是光秃秃的，大约2米高，年轻的冀新琪判断说大概三四年吧。这位前辈乐了："有20多年了，只不过这里的环境不好，这棵树显得瘦弱而已。"

20多年过去了，如今的克拉玛依超过10米高的树木比比皆是，冀新琪也从一个初出茅庐的气象新人成为克拉玛依市气象局副局长，同时见证了克拉玛依气象事业的发展。

采访组在黑油山原油油井前
潘继鹏／摄影

大风、低温等天气对石油产业的影响无处不在。克拉玛依市是因为油田的需要而建立的，这里的气象工作也与油田息息相关。"油田开发到哪里，我们的服务就做到哪里。"冀新琪告诉记者，这是克拉玛依气象工作的基本要求。

克拉玛依的气象事业缘于油田需求。20世纪50—70年代，这里的气象工作主要围绕油田开展。1955年，克拉玛依一号井喷出原油，同年一场因大风而发生的勘探事故使人们认识到气象灾害对石油产生的影响，新疆石油管理局与新疆气象局沟通，希望能得到及时的气象服务。1956年12月1日，气象工作人员正式在克拉玛依开始观测，开启了全国气象为石油服务的先河。1958年1月1日，克拉玛依气象台成立，真正开始做预报工作。

20世纪80年代以后，克拉玛依油田规模扩大，逐渐深入沙漠里。为了做好服务，在确定油田开发的同时，气象站也随之建立。"当时预报员们常常骑着自行车，携带着天气图，赶到石油总调度室分析天气形势，告诉油田工人天气是怎么变化的，有什么影响。那时候气象部门的电话在有大风和寒潮的时候会在各个厂区和调度室响起，尽管很多油田上的人没有见过气象人，但他们却非常熟悉我们的声音。"新疆克拉玛依市气象局工程师宁世远说。

1987年，根据油田建设需要，在白口泉地区建立专业气象服务站，专门为石油服务。克拉玛依气象台台长周建荣点击克拉玛依气象综合业务平台，给记者指出分布在准东基地、呼图壁气田等油田的观测站，"这些站点专门为油田服务，站点覆盖范围扩大，从之前的10个站已经扩大到21个站"。

而在这个过程中，气象人付出的努力超出想象。冀新琪还记得，1992年彩南油田建立，11月入冬之前，气象部门派同事马军前去建设气象站，当时因为人手紧张加上油田需求，他在那里一待就是三个月。"第二年开春后我们去看他，因为很久没有和人交流过，他见了我们几乎说不出话来，缓了一会儿以后便一个劲儿说话。"回忆往昔颇有些心酸，冀新琪说，但因为工作需要，马军当天没能跟着同事们回来，又继续在彩南气象站待了一段时间才离开。

如今，油田的自动气象站取代了人工站，畅通的信息网络发挥的作用越来越大，这里的石油和气象两部门的亲密关系一直延续着，气象部门针对油田专门制作专报，每周一油田与气象部门开例会探讨一周天气形势。

遇上大风等天气灾害，克拉玛依气象部门会及时与其他部门加强联动。比如，4月23日，克拉玛依遭遇大风天气，市气象局及时发出预警，新疆油田公司提早安排防风措施，有效避免了人员伤亡并降低了损失。

此外，每年春天，在雷雨到来之前，克拉玛依市气象局会对油田公司进行防雷检测工作。2003年，气象部门与油田公司联合抽检防雷工作，后来逐渐提高抽查比例，到现在实现100%全覆盖。气象局不仅通过各种方式提高技术人员防雷水平，还开发了相应的软件，不断更新设备，提高防雷能力。

从克拉玛依市区向北到乌尔禾区，沿途100多千米，公路两旁经过大片油田，数不清的采油机正在工作。宁世远告诉记者，克拉玛依气象人的脚步已经遍布这片油田。

第五站 湖北神农架
神农架上的科学奇观

提起湖北神农架，大家可能最先会想到神秘的"野人传说"，或者苍茫的原始森林和美丽的金丝猴。记者日前随中国气象局气象宣传与科普中心、《中国气象报》社等单位联合组织的"绿镜头·发现中国"采访活动走进神农架，发现堪称全球北纬31度"绿色奇迹"的神农架不仅是良好的生态旅游区，还是科学资源的富集区，有不少科学奇观。

在神农架珍稀濒危植物保育中心，这里的苗圃移植有珙桐、南方红豆杉、石斛等珍稀植物。工作人员介绍，2014年8月，由美国国家科学院院士和哈佛大学的教授组成的考察团到这里考察时指出，"由于神农架独特的地理气候环境，近3000种在不同气候带分布的植物，能在这么小的区域范围内同时存在。这是一个生物学的奇迹"。

神农顶
神农架林区气象服务中心/供图

神农架天门云海
神农架林区气象服务中心 / 供图

  据介绍，神农架是世界罕见的物种基因库，至今发现的高等植物就达到3229种，低等植物926种，脊椎动物493种，无脊椎动物4143种，动植物新种143种，古老、孑遗植物243种，囊括了北至漠河、南至西双版纳、东至日本中部、西至喜马拉雅山具有代表性的动植物物种。

  在这里，保护的动植物就是科学研究的对象。如金丝猴、大鲵等73种珍稀动物，珙桐、石斛等26种珍稀植物，神农香菊、红萍杏等神农架特有植物，都具有极高的科研价值。在神农架的国家林业局金丝猴研究基地，科研人员告诉记者，金丝猴种群数量由1982年的500多只增加到现在的1300多只，金丝猴与恒河猴的比对研究，已成为世界级的重大研究课题。

  走进神农大峡谷，就会发现，这里是一部记录地球地质事件、地球环境变迁的地质史书，拥有前寒武纪典型的群地层剖面、板桥大断裂、叠层石群、冰川擦痕、冰川漂砾，形成以冰川地貌、岩溶地貌等为主、纷繁多样的地文景象。

记者相继走访了神农架保护区内的大气环境背景监测站、自动气象观测站、水文观测站等，来自环保部、中国气象局、清华大学、武汉大学等单位的专家对这里的生态活动进行了全程监测。北京林业大学还在神农架设立了博士工作站、神农架地质科学研究所等科研平台。

在大九湖国家湿地公园，专家介绍，大九湖湿地沼泽堆积物——泥炭的-14年龄测定表明，大九湖湿地的沼泽早在距今15000~20000年前的晚更新世末期就已经形成并完整保存至今。对比其他地区，大九湖湿地沼泽的亚高山泥炭藓湿地具有独特性、原始性和稀有性，现在已经被《中国生物多样性保护行动计划》列为中国生物多样性关键地区。

湖北省神农架林区政府相关负责人表示，神农架现在拥有联合国教科文组织"国际人与生物圈"保护区网成员、亚洲生物多样性永久性示范基地、世界地质公园等世界级名片，国家级生态功能红线区面积2014年提高到90.9%，实行严格管理和维护。相信神农架将为中外科学家提供更广阔的工作舞台。

从木头经济转向生态旅游产业
神农架在保护与发展之间寻找富民之路

林区茂密,大树参天,空气清新,清澈的溪水慢慢流淌。偶尔看到一些大树上挂着标识牌,诉说着自己的年龄。这就是名副其实的天然氧吧——神农架林区的原始森林。

在这样一个生态功能重要、自然资源富集、居民生活贫困的特殊地区,如何解决保护与发展的矛盾?怎样转变发展方式?记者跟随"绿镜头·发现中国"一行深入神农架林区进行采访。

从伐木开发到精心呵护,林区坚守生态保护底线

国家于20世纪60年代大举开发神农架,并于1970年设立神农架林区,成为全国重要商品材基地。伐木使森林覆盖率急剧下降,一度降至70%。

神农架大九湖之秋
神农架林区气象服务中心/供图

生态破坏引起各方关注，保护好神农架这片原始森林现实而又迫切，神农架必须转变。

"2000年，神农架林区全面停止天然林采伐，全面组织实施天然林保护工程。并于2010年启动天保二期工程。"神农架林区林业管理局副局长、护林防火指挥部副指挥长史学生说，截至采访，已累计完成封山育林5.7万亩、人工造林0.5万亩、森林抚育22.3万亩。

史学生表示，神农架林区牢固树立"绿色就是财富、保护就是发展"的理念，始终坚持"保护第一、科学规划、合理开发、有序利用"的建设方针，坚守"护林防火必须严防死守、野生动植物保护必须严管重罚、所有项目建设必须遵循生态优先"3条底线，生态保护工作取得显著成绩。

为保护林区，神农架政府控制发展与生态保护相冲突的产业。神农架林区人民政府副秘书长艾祖国介绍说："严格禁止在林区发展对生态和环境影响大的产业，尤其是高污染、高耗能的重化工项目，以及对环境产生破坏性影响的矿产资源开采项目。"

神农顶秋景图
神农架林区气象服务中心/供图

据了解，神农架林区严格按照国家规定及保护区总体规划，划定试验区、缓冲区、核心区范围，分别占保护总面积的54.5%、13.3%和32.2%。经过多年生态建设，目前，神农架林区生态平衡逐步恢复，林地面积增加了9.5万亩，活立木蓄积量增加了50.6万米^3。森林覆盖率提高到90.4%，自然保护区内森林覆盖率达到96%。同时，野生动植物数量和种群明显增加。

记者在林区采访到，神农架林区目前正在进行国家公园试点工作。"湖北省政府及省林业厅已同意将林区列为国家公园试点建设范围。目前，林区政府已成立了国家公园试点工作领导小组。并请技术单位编制了《神农架国家公园试点工作方案》。"神农架林区国家级自然保护区管理局办公室主任罗永斌说道。

护林防火工作是天大的事，率先实行森林资源网格化管理

神农架生态保护的独特定位让护林防火在过去、现在和将来都成为当地党委、政府的中心工作之一。艾祖国表示，护林防火很重要，林区人人皆知。上山不能带火，这是"高压线"。

史学生也表示，神农架林区始终把护林防火工作作为最大的政治、天大的事来抓，严格落实护林防火"三条线"责任制（政府行政首长负责制，护林防火指挥部成员检查、督导责任区制，具体责任单位防火区包片负责制），实现了神农架林区连续34年无较大森林火灾目标。尤其是在人员密集区、野生动植物保护区、景点景区和出境路口等重点区域，增设护林防火岗哨。

神农架林区投资3000余万元在全省率先建设全区森林资源网格化、信息化管理系统。室外监控、指挥调度系统已基本完工，初步形成了"空中有飞机、林中有探头、路上有卡口、林中有巡护"的立体化管护网络。全区共建187条防火通道，可快速赶到火灾现场。

在护林防火指挥部的大屏幕上可以看到林区内以及村庄路口处的实时监控情况。史学生说："在全区重点区域、重点地段、重点路口安装视频监控75个。同时，配有两架无人机，两个半小时就可对林区巡查一次，成功实现从过去人防向技防的转变。"

在护林防火关键季节（每年10月一次年4月底），气象部门利用卫星遥感监测

系统，对森林火点火情进行全天候监测，一旦预判和发现火点，迅速确定方位地点，第一时间报告防火指挥部和有关乡镇、景区等。

神农架林区气象局局长张书强说："气象工作对护林防火起着举足轻重的作用。气象局主要提供气象监测服务、未来3天森林防火预报、护林防火建议等内容，及时发布防火预报预警，提高各级政府和老百姓的防火意识。"此外，每年都要组织开展护林防火气象服务应急演练，熟练掌握启动应急预案的操作流程，提高了应对突发森林火灾的服务能力。

同时，神农架林区对护林防火工作开展绩效考核制度，制订生态红线，禁止乱砍滥伐。

引导林区居民转产转业，突破口就是发展生态旅游业

神农架林区常住居民约8万人，生活在神农架的居民有树不能砍、有兽不能猎、有药不能挖、有荒不能垦，长期以来一直是国家级贫困地区。

在神农架全面禁伐后，以"木头经济"支撑的地方财政面临着前所未有的困境，经济转型迫在眉睫。出路就是林区党委、政府提出的发展生态经济，突破口就是发展生态旅游。

"对自然资源的保护，必然对群众的生产生活有规范性限制。要想保护好森林，必须要让老百姓从保护中受益。"神农架林区旅游发展委员会副主任岳发号说。

为此，神农架自然保护区在发展生态旅游产业的过程中，优先为老百姓提供就业岗位，让他们有一个比较稳定的工作和收入；引导老百姓开设农家乐，获取稳定可观的收入；扶持老百姓发展农副产业，将生产的农产品转化为旅游商品，既提高了产品的附加值，又增加了经济收入。

"假若1元门票可以拉动5元消费，那么，1亿元门票就可以拉动5亿元对蜂蜜、茶叶、药材等农副和林特产品的消费。农民从以前的砍树人变为护林人，通过发展林下产业，给林区农民带来了实实在在的利益。"岳发号说，每年3—11月的旅游旺季，农民可以在餐馆、店铺打工。如今，神农架滑雪场是神农架填补冬季旅游空白、拓展旅游领域的重点项目，神农架生态旅游一年四季均可为当地带来可观收入。据统计，直接为生态旅游配套服务的农民达4000多人，每人年平均增加收入800元。

生态旅游产业的发展让神农架居民从传统的资源破坏者逐步转变为对资源的自觉保护者。乱砍滥伐、乱捕滥猎、乱采滥挖现象几乎杜绝，老百姓生态保护意识明显提高，可持续发展能力明显增强，生态旅游成为保护与发展的融合点。

"彰显生态保护和绿色发展价值，建成世界著名的生态旅游目的地。"——这成为神农架确立的新目标。

目前，神农架景区年接待游客520万人（次），实现旅游经济直接收入18.5亿元。2014年7月28日，《国家发展改革委关于神农架林区生态保护与经济转型规划的批复》中提到，到2020年，以生态旅游为主导，生态林业、生态农业为重点的现代绿色生态产业体系基本建立。届时，旅游经济年总收入将达到35亿元，游客年接待量达到1250万人（次）。

气象成为湖北生态文明建设的助推器

在湖北省生态文明建设的舞台上,气象扮演着什么样的角色?气象部门又有哪些具体举措?湖北省气象局局长崔讲学接受了中国气象报社"绿镜头·发现中国"报道组的采访,畅谈湖北省气象在推动生态文明建设方面的作用与意义。

崔讲学认为,生态是一个宏大的课题,内容丰富、含义广泛,气象工作是生态文明建设的重要组成部分,生态文明建设的过程和内容都对气象服务提出了更高更明确的需求。近年来,湖北气象服务对生态文明建设的作用初步显现。首先,从制订"十一五"规划开始,气象部门便积极争取,承担或参与了湖北省委、省政府多个与生态相关的重大项目,肩负起生态监测的重要职责。如开展综合气象观测系统建设,打造生态监测网;强化与林业、水利、环保等部门及神农架等自然保护区

九湖风光
神农架林区气象服务中心/供图

神农架风光
神农架林区气象服务中心 / 供图

的合作等。气象部门除了及时获取不间断、高密度的常规气象观测数据外,其新增的非常规气象及环境观测系统还提供了环境监测数据,例如武汉市温室气体监测数据,武汉、荆门和咸宁金沙的PM_{10}、$PM_{2.5}$、$PM_{1.0}$和黑碳气溶胶、大气浊度等数据,酸雨、农田和湖泊二氧化碳通量与浓度变化数据,大型湖泊水体面积变化及水质变化监测数据等,这不但实现了对生态与环境变化的实时监控,还为湖北省政府和相关部门提供了生态与环境变化的重要基础数据。

其次，湖北省防灾减灾压力大，尤其是洪涝和干旱这两大自然灾害，对生态的影响很大，气象部门需要在山洪、江河洪涝、干旱等气象灾害的防治上发挥切实有效的作用。崔讲学谈到，近年来，气象部门不断加大中小尺度天气监测网的建设，提升强降水预报预警服务能力，尽最大努力减少洪涝及其次生灾害对生态以及各行各业的不利影响。在干旱应对方面，不断提升和加大人工影响天气的科技水平和服务能力，加大空中云水资源的开发利用。同时，省委、省政府以及各地政府部门在人工影响天气的投入上力度也在不断增大。"湖北连续5年出现干旱灾害，有些地区吃水都很困难。农民这一年到底是种水稻多一些还是玉米多一些呢？当地政府和老百姓都根据我们的预报来进行调整。这就是气象预报服务在农业生产中所发挥的重要作用。" 崔讲学说。

崔讲学介绍，近年来，湖北省气象部门积极参与当地重点生态工程建设与实施，在鄂北水资源配置、森林防火等重点工程和项目中，通过精细、优质的气象服务来满足湖北省政府和当地老百姓的需求，努力为解决当地干旱问题、农业种植结构调整等提供科学依据。

此外，气象部门围绕气候变化对于生态环境的影响，积极开展气候变化影响评估研究，开展了农业、水资源、森林生态系统、洪湖湿地、能源需求、人体健康、重大工程和交通运输等行业或领域的影响评估。同时，崔讲学告诉记者，气象部门还在神农架大九湖湿地、长江中游天鹅洲湿地等建设立体监测网，与科研院所、高校等单位强化合作，为科学研究生态环境的变化与保护提供重要基础数据。

崔讲学说，当前，湖北省委、省政府高度重视神农架林区生态保护工作，制订了《神农架林区生态保护与经济转型规划（2014—2020年）》，湖北气象部门将进一步参与到神农架林区生态保护与发展等工作中，切实发挥气象服务在神农架生态保护以及经济社会发展中的推动作用。

2014年

气候生态品质溯源 高山绿茶的"智慧"标签

"一山千行绿,悠然云雾间",山路弯弯转转,绕过山头,一片绿意突然映入眼帘,满山整齐排列的茶树像是仪仗整齐的卫兵,迎接人们的到来。

走进这座海拔1000多米的深山茶园,一杯清茶,袅袅醇香,舌尖微甜,一股茶香慢慢从鼻端沁到咽喉,高山云雾茶的美好瞬时展现。然而给我们惊喜的不仅仅是这份齿颊留香,它们身上被标注的"智慧"标签——气候生态品质溯源二维码,更是让我们感受到了神农架生态农业的绿色之光。

一茶一品质 即扫即呈现

"我们生产的每一盒茶叶都有自己的'身份证'。"神农架深山茶叶专业合

云雾中的气象站
庄白羽/摄影

作社理事长冯兵拿起一个在售茶叶的包装盒，指着右下角的一个二维码告诉记者，"用户可以通过绿茶气候生态品质溯源系统了解这盒茶叶从生长到采摘的全过程。"

拿起茶叶，轻轻一扫包装上的二维码，记者看到，这盒茶叶的气候生态品质评价得分为96.8分，等级为特优。点开"详细信息"，系统显示了此盒茶叶采摘于2014年5月1日，采摘当天的气温、相对湿度等对茶叶采摘非常有利，在茶叶生态品质的子界面中，显示了茶叶采摘前20天气温、相对湿度、降水量及空气质量等信息，茶叶因何被评价为特优等级，一看即知。除此之外，茶叶产地经纬度及生产商、价格等信息也是一目了然。

"我们今年用了这个系统以后，用户反响很好，不仅可以直观辨别产品真伪，更可以全面了解茶叶的生态品质，极大提高了用户对我们茶叶的信任感和认知度。"冯兵告诉记者，"今年茶园的产量有4万多斤，都可以通过系统进行查询和追溯，因为受到用户欢迎，我们茶园今年的收益较往年高出20%～30%。"

记者采访神农架深山茶叶专业合作社理事长冯兵
庄白羽/摄影

2014年

高山出好茶 科技为支撑

神农架平均海拔1700米，年平均气温12.3 ℃，年平均降水量947毫米，森林覆盖率达90.4%。长于云雾之间，光热条件适中，良好的生态环境和独特的气候条件，赋予了神农架高山茶叶天然的优良品质，但是由于缺乏证明其独特品质的身份标识，长期以来一直处于"茶在深山无人识"的尴尬境遇。

如何通过现代化的科技手段让高山茶确保品质、打出品牌，既守护这片绿色家园，又为农民多创造效益，这些成为神农架林区守护者们共同思考的问题。

2014年年初，位于神农架木鱼镇青天袍茶叶基地的多要素气象站和高清视频监控系统正式投入使用，对茶叶基地进行全天候动态监测，神农架林区气象局与相关部门专业技术人员对茶叶生产进行深入研究和分析，建立了茶叶品质多元分析评价模式，开发完成了基于二维码在线扫描的气候生态品质溯源系统。

"系统核心技术有三个方面：对茶叶气候生态品质的评价、气象因子的实时监测和移动互联网查询应用。"神农架林区气象局局长张书强介绍说，"我们会同林区农业部门专家，从影响茶叶品质的主要气候因子入手，运用气候学、农业气象学等原理和方法综合分析茶园地理和生态环境、管理措施、生长期气温日较差及干燥度、氨基酸等化学成分含量、酚氨比、鲜叶嫩度、气象灾害、采摘天气等影响因素，研发确立了科学客观的多元分析评价模式，确保了系统的科学性。"

利用现代二维码技术、数据管理和传输技术，以手机等移动终端为入口，集监测数据入库、产品信息录入、气候品质智能评价、信息查询展示和安全防伪为一体……小小二维码的背后，展现的是神农架农业产业转型和智慧农业发展的科技魅力。

据了解，神农架林区气象局作为湖北省气象局培育农业气象服务社会组织试点，还将围绕中国气象局推进气象为农服务总体思路，开展更加多元、更为贴心、更加便捷的为农气象服务，为神农架这座绿色宝库更添风采。

第六站 海南

红树林：海洋生态的绿色生命链

在秋日阳光的映照下，在海口市演丰镇的东寨港国家级自然保护区，记者看到一大片在海边生长的树林，千姿百态、枝叶缀接、根须相连。这就是素有"海上森林"之称的红树林。

东寨港的海湾红树林所在区域具有最典型、代表性最大的红树林生态系统特征，未来海南省气象部门拟选择在此建立红树林生态气象监测站，可代表海岸带一定范围内基本气候、一般气象状况的区域，为红树林生态保护提供基础数据。

"红树林分布在热带、亚热带海岸，生长在陆地与海洋交界带的滩涂浅滩，是陆地向海洋过渡的特殊生态系，是国家级重点保护的珍稀植物，具有独特的生态功能和重大的社会、经济价值。"东寨港国家级自然保护区管理局副局长陈松告诉记

东寨港国家级自然保护区管理局副局长陈松接受记者采访
庄白羽/摄影

者，红树林群落和栖息在此的鸟类、浮游生物、底栖动物、昆虫构成了一个相对稳定的生物群落，这个群落与周围环境构成相互依存、相互制约的独特海岸湿地生态系统。由于红树林生长于亚热带和温带，并拥有丰富的鸟类食物资源，所以红树林区是候鸟的越冬场和迁徙中转站，更是各种海鸟的觅食栖息，生产繁殖的场所。

红树林另一重要生态功能是防风消浪、促淤保滩、固岸护堤、净化海水和空气。在保护区，记者看到，海岸沿线的红树林带如同绿色生命链，将海洋与陆地连接起来，成为海蟹、水鸟等生物的栖息地。盘根错节的发达根系有效地滞留陆地来沙，减少近岸海域的含沙量，减少水土流失；茂密高大的枝体宛如一道道绿色长城，抵御风浪袭击陆地。

红树林具有生态价值、湿地系统营造价值、风险去除及水体净化价值等，保护红树林的重要性不言而喻。然而由于红树林生长在海洋与陆地的交错带，属生态脆弱带或生态敏感带，却也可能因此而成为最先被全球气候变化影响的生态系统之一。

据海南省气候中心主任张京红介绍，20世纪50年代中期的海南岛全岛共有红树林总面积12506公顷，到了80年代中期，红树林总面积为5200公顷（减少了58.42%）；到了2000年，红树林总面积只剩下20世纪50年代中期的31.37%了。

面对热带海岸湿地红树林退化的问题，进行海南岛湿地红树林恢复与生态气象监测与服务亟待开展。自2004年开始，海南省利用分辨率为15米的ETM+影像结合外场调查对东寨港红树林进行遥感调查，为摸清其动态变化，为海南省合理利用、科学保护和管理红树林提供决策依据。基于气候预估结果，对海南红树林生态系统将受到海平面上升、温度上升、二氧化碳浓度增加、紫外线增多、风暴和巨浪等气候条件变化的影响开展了评估。气象部门针对热带海岸带湿地红树林自然生态系统，建立生态气象监测站，有目的地开展气象条件驱动的生态气象监测，大力加强技术开发，逐步提高生态气象业务服务能力和水平。

据张京红介绍，自2012年开始，海南省气象部门开展了气候变化对海南红树林影响调查研究，调查可知，近几十年来，海南岛随着愈演愈烈的全球气候变化和人类活动的影响，红树林分布范围不断缩减，红树植物群体也出现明显的退化。红树林资源所面临的形势越来越严峻，面积急剧减少，外貌结构日趋简单，不少树种的生存压力越来越大，个别种已经处于濒危状态，等等。

2014年3月，海口市人大常委会通过《关于加强东寨港红树林湿地保护管理的决定》，正式以地方法规形式为红树林划定生态保护红线，该《决定》实施仅半年多后，退塘还林、植树造林、水质监测等环境整治工作有序开展，措施得力，成效显著。

记者从景区了解到，近年来，海南东寨港国家级自然保护区内已完成全部退塘还林工作，退塘面积2355.996亩，截至2014年11月，该保护区内植树造林面积达2700亩，红树林覆盖面积不断扩大。

据了解，受2014年两次强台风影响，保护区的红树林受到严重损坏。2014年保护区将完成补植3000株红树苗的任务。

陈松说："环境整治工作今后将建立长效机制，巩固现有成果。保护红树林需要各级政府、单位、个人的共同努力。"

海南：传统乡村的美丽蝶变

椰林婆娑，翠绿环绕，这里有田野的静谧；瓜果飘香，把酒桑麻，这里有农家的美味；清风徐来，水波浮动，这里有湖景海风。此景就是海南省文明生态村的真实写照，它让人们蓦然发现，除了大海、阳光、沙滩，海南更有这样清丽的田园风光。

自2000年9月开始，海南省持续开展文明生态村创建活动，至2014年6月底，已建成15065个文明生态村（占自然村总数的64.6%）。它们像珍珠般散落在琼州大地，如玛瑙般于城市周围星罗棋布，成为吸引国内外游客的独特风景。

记者走进这一个个文明生态村，并试图以它们为样本，去描摹、还原那脱胎于中国千年历史的海南农耕文明及海南农民对美好生活的向往，在这条经济、社会和生态效益高度统一的可持续发展路上，去感受时代所赋予的新意。

上：记者在万宁市文通村采访
右：与当地自然环境相融合的建筑细节
庄白羽/摄影

美丽乡村 旅游生命力的"支点"

"乡愁味道"经理郑仲奕递给记者一张上面印着本村风景照的名片。这里是琼海市北仍村，一座座古朴的青砖民宅坐落其间，8千米长的硬板化村道像一条玉带将北仍村环绕，而村道两旁的小品花卉景观，更像玉带的装饰点缀，远近高低错落有致，和旁边的树木完美融合在一起，处处树木林立，绿荫遮蔽，净植亭亭。借着美丽的自然人文景观，郑仲奕就势将自家住房打造为集咖啡休闲、饭店旅游为一体的农家乐，取名"乡愁味道"。

良好的生态环境吸引了很多"候鸟"老人来此颐养天年。在采访中，记者偶遇来自北京、享受国务院特殊津贴、有突出贡献的专家董继斌，他正和夫人在北仍村遛弯儿。董继斌退休后，在北仍村旁的小区买了房。他说："这儿空气好，环境好，我们这对老'候鸟'，每年都要来住上四五个月，每天还要在村里的绿道走上8千米。"

农村人口占70%的海南省，过去很长一段时间，曾因农村城镇化水平低，农民收入低，长期以脏乱差，人无厕、畜无圈的面目示人，这与旅游大省的地位很不相称。文明生态村开建后，随地放养的猪入了圈，水源清洁了，泥泞不堪的土路也改建成了光洁的水泥路。原先随处可见的垃圾被新种植的花草树木所替代，村民们在山上种胶，山中造林，山脚和房前屋后种果树，在水中养鸭，用鸭粪喂鱼。

美丽乡村离不开美丽农业。莲雾、芒果、火龙果、波罗蜜等特色热带水果产业已成为海南农业的重要支柱。穿过田间小路，在茂密的莲雾树丛中，记者看到一个自动气象站和农业小气候观测站。"气象部门在自家的基地安装了自动气象站和农业小气候观测站，对我们的帮助可太大了！"琼海市阳江镇富地莲雾农民专业合作社负责人李勤标说，在每次冷空气来袭前，果农都会根据气象局的建议提前采取措施，通过施肥、补充防寒剂等措施来减少落果。

当然难免有自然熟的水果落在地上，这时散养的鸡则一群一伙，慢慢踱步过来，将其吃个精光。这些"水果鸡"由于健康、天然，深受游客欢迎，是村里农家乐的一道必备菜肴的食材。鸡粪反过来又是天然的肥料，滋养果林和菜地。

海南省国土资源厅生态办公室主任金羽对记者说，农村生态环境比较脆弱，一旦破坏，短期内就无法恢复。开发乡村旅游，应坚持在保护生态环境的前提下适度开发，合理利用村里原有的生态资源，着力完善农村供水、垃圾处理和污水湿地化处理等，确保农民从开发乡村旅游中获益。

当了半辈子农民、厌倦了外出打工的郑仲奕，转型当老板，自然有些欣喜，对自己土生土长的村庄有了更深的归属感。

就地城镇化 原汁原味原风貌

"原来是山坡的地方，现在还是山坡，原来是水塘的地方，现在还是水塘，我们保留了真正的乡村风貌。"塔洋镇党委委员符标玲自豪地向记者介绍道。

在农村，古香古色的竹楼、芦苇繁盛的河塘、移步皆景的绿道，于乡土之风中显现出现代休闲生活的节奏；在小镇，传统风味的骑楼建筑、精致的雕花立柱、怀旧旖旎的街灯，处处透露出具有传统文化特色的田园情调。

美丽生态农村建设不仅为游客而建，更是为老百姓建设美好生活家园。在打造田园城市、美丽生态农村建设过程中，琼海引导传统农业向休闲观光农业、高效农业发展，不走城镇化规模扩张型的老路子，没有改变农民生产和生活方式，充分保护和尊重现有农村的地形村貌、田园风光、农业业态和生态本底，将基础设施和城市基本公共服务功能引入一个个村镇，坚持"不砍树、不拆房、不占田，就地城镇化"的原则。

在村子原本构造的基础上建造的有当地特色的农家乐
庄白羽/摄影

在龙起湖畔，一片湖光山色中，只见蜿蜒的木栈道围湖而建，游客们在栈道上散步、骑行，还有人租船一览田园风光。这里是塔洋镇"七星伴月"景区核心区。符标玲介绍，这里是由政府统一规划建设，村民合作社统一经营的，当地村民亲切地称之为"老百姓自己的公园"。所谓"七星"，其实就是塔洋镇的教场、礼陶、瓦灶岭等7个村庄，而其中的"月"是7个村庄怀抱中的弯月形状龙起湖。

提到"三不一就"原则，符标玲侃侃而谈："具体来说，就是不占百姓田地，不破坏原有绿化基础，在公共区域进行装饰点缀，或是在征得农民同意的前提下，帮助其进行私人用地或建筑升级改造。同时，我们也绝不开发建设用地。"

我们看到，在博鳌镇，青砖白瓦、雕花窗棂、飞翘龙头，带来了琼海农居的柔和与宁静；潭门镇街道上，用各色沉船木、船舵、船桨、铁锚、救生圈装饰墙面，追忆着传统的渔业气息；在塔洋镇，是古香古色的民居和水乡风范……在构建城市绿地的同时，根据各个镇的历史文脉，打造"一镇一特色、一镇一风情"，在城镇构筑起田园之感，让城市人享受到乡野之气。不仅强化了各镇的特色，也提高了产业和文化的区分度。

"我们盖房子不是刻意给客人盖的。农民都是按照自己的习惯和偏好来盖房子，如果客人觉得房子不错，就坐下来喝喝茶，聊聊天。"符标玲说，农村更现代了，但依然保留了故乡的味道，这里还是我们自己的家。

乡村旅游在开发中注重对原汁原味的乡村本色进行保护，强调天然、闲情和野趣，展现乡村旅游的魅力。随着美丽乡村声名鹊起，众多市民和外地游客慕名而来，当地村民的腰包跟着鼓了起来。

变废为宝 "现代生活"渗入古老村庄

汽车拐进一条树木夹道的小路，一个绿树掩映、白墙红瓦、整洁干净的小村落赫然出现在眼前。村主任正带领着村里的老少男女穿着簇新的黎族盛服站在村口敲鼓、跳舞，迎接远道而来的游客。万宁市长丰镇文通村，一个曾经落后的黎族村庄，现在成为美丽的生态乡村。

2009年，文通村开展村容村貌美化、绿化、净化三大行动，政府给每户补助5万元资金，扶持指导全村59户人家把简陋敝旧的瓦房、茅草房改造成美观牢固、

万宁市文通村的污水处理池
庄白羽/摄影

具有浓郁黎族风情特色的楼房、平房，就连路边的电线杆上都描绘了黎族风情的绘画。文通村也正朝着集休闲养生、娱乐、垂钓、观光为一体，具有现代城市、民族风情、田园风光的旅游文明生态村示范景区迈进。处处是绿树掩映的白墙红瓦、洁净规整的村间小道、意趣盎然的休闲景点，漫步在村中，"村在林中、房在树中、人在画中"的感觉油然而生。

在正在修建的木屋度假酒店施工现场，记者见到槟榔树穿过木屋一层和二层的地板，与木屋"融"为一体。工程负责人、海南梦想休闲农业投资有限公司副总经理林峰拍着穿过二楼的槟榔树，笑着告诉记者："本着绝不砍原始森林、少砍槟榔树的原则，这样的建筑方式对房屋整体结构影响不大，我们就不动这棵树了。"

据林峰介绍，作为本土投资开发公司，他们的理念就是开发荒山、荒坡、荒沟、荒滩，不拆迁、不征地，与农民合资合作改建农民宅基地，让游客进入到村民家中体会当地特色，与村民一同在生态菜园、果园劳作。

更引人注意的是村子中心区小巧美丽的人工湖。小小的莲花池与鱼塘之间用大鹅卵石阻隔开，中间还分别有两道芦苇池作为过渡。这是当地政府建成的污水收集处理系统工程，通过采用人工湿地和自然氧化塘的生态治理技术，经过四级过滤，使生活污水得以净化。据介绍，文通村污水处理系统将农业污水集中回收，通过地下管道排入人工湿地，由睡莲、石头以及芦苇等水生植物组成的一、二、三级处理环节，对污水进行净化、吸收，同时农业污水又可成为水生植物肥料。当经过四级处理后就是我们看到的鱼塘了，此时水质已达到养鱼的标准，可供淡水养殖及游客垂钓。

近年来，海南省积极推广投资少、见效快、简单易行的乡镇人工湿地治理工程，以推进农村环境综合整治。这种发达国家近10年来才兴起的生态处理法是指在有一定长宽比和底面坡度的洼地上，用土壤和填料混合物成填料床，使污水在床体的填料缝隙中流动，在床体表面种植具有性能好、成活率高、生长周期长、美观及具有经济价值的水生植物，形成一个独特的动植物生态系统。人工湿地的建设成本、管理成本及运行成本都要大大低于污水处理厂，且可大量种植花卉、养殖鱼类，产生经济效益。

文通村的人工湿地污水处理是海南省正在开展的文明生态村污水处理缩影。海南独特的高温气候、特有的繁茂植被使污水在较短时间内可以被植物净化、分解、吸收，"但是，很多气象条件下是不利于污水分解的。因此，给水务部门提供相关监测数据，为污水排放的时间提供有效参考，已成为这些年来我们的常规工作之一"，琼海市气象局局长杜建华告诉记者。

当前，分散于各处、仍以传统自然村落为主体的中国农村，正处在"转型"中，然而它决不意味着要将"传统"连根拔起。"大拆大建""移山填海""崇洋媚外"等城镇化过程中表现出的"通病"往往会让居民失去自身文化认同感，破坏自然生态环境，同时也让城市陷入"千城一面"的窘境。海南城镇化反其道而行之，坚持"不砍树、不拆房、不占田"，其背后蕴含着敬畏自然、关注民生的理念，在"城镇改造"与"尊重自然"之间找到最佳平衡点做出尝试和努力，并且最终使自然文化遗产在未来生活中得以延续。

海防林：千里海疆的绿色长城

沿海防护林，简称"海防林"，是指沿海以防护为主要目的的森林、林木和灌木林。沿海防护林在防风抗灾、护岸固沙、维护生态、美化景观等方面发挥着极其重要的作用，是海南岛千里海疆的绿色长城。

在海南省琼海市潭门镇的渔港，走在一条约100米长、2米宽的石板堤坝上，记者一行被强劲的海风吹得左右摇晃。四面空旷，毫无遮拦，在这里可以更加清晰地看到两岸茂密的海防林，坚定地守护着海岸线。与之相对的是岸上离防护林不过三五米之处，强劲的海风就减弱为轻风拂面了。

滨海区域和热带雨林一样，是海南极具价值的稀缺资源。海防林不是一条简单的绿化带，而是一个保障沿海地区经济社会可持续发展的综合生态系统。"海防林是'第一道绿色天然屏障'，可将海风一级一级降小。"海南省林业厅林业工程师陈松田告诉记者，海南旅游景区、度假地产、港口经济等产业带逶迤在沿海区域，400多万人口和70%以上省内生产总值都集中在这些地方，必须有这些"绿色屏障"守护支撑海南经济的根基。

左上、右上：琼海市潭门镇的渔港沿海防护林
下：琼海市潭门镇的渔港石板堤坝
庄白羽/摄影

琼海市气象局局长杜建华接受记者采访
庄白羽/摄影

据琼海市气象局局长杜建华介绍，多年来，气象部门在沿海地区滩涂保护、林业种植、珊瑚保护方面，积极提供气候、气象数据支持，指导何处何时适合种植防护林；对近海生态环境影响较大的气温、水温等气象条实施监测、提供数据支持，以保护近海的生态环境；在近海养殖规划阶段，提供气象数据，尽量减少对生态环境的破坏，并为远洋捕捞和远海养殖提供针对性的气象服务。

海南岛四面环海，是受台风袭击比较频繁的省份。数十年的实践证明，沿海防护林是保护沿海地区民众美丽家园的"绿色长城"，在海南全长1528千米的海岸线上，1280千米为宜林海岸线。曾经，在全岛沿海地区，由于森林植被破坏，导致地表裸露，土壤沙化，风大干旱，不少地方形成连片流动、半流动沙荒地。为了免受土地沙化的困扰，从1956年开始，农民自发在沿海地区营造海防林，至20世纪80年代中期，由政府出资全岛海防林基本合拢，形成了一条巍峨壮观的"绿色长城"。然而，随着2000年之后房地产开发的浪潮袭来，以及当地农民为了发展经济在海防林带挖鱼塘、虾塘，海防林又出现了断带。

如何平衡经济发展与生态保护？近年来，海南省各级政府部门严守生态防线，构筑起结构合理、功能完善的海防林体系，以预防、减轻自然灾难的危害。陈松田介绍，林业部门对此采取了三方面具体措施，一是加强法律、法规的制定和实施，阻止不法分子破坏；二是加快补种的速度，在3年内又把全岛海防林合拢了；三是把重点公益林的补助从每亩5元钱提高到20元，并且在当地选拔农民当护林员，以经济补偿的方式，鼓励农民保护林地。

海南是国际旅游岛，高级海景酒店的建设势必会与海防林保护发生矛盾。海防林种植以防风、固沙、防海啸的功能性至上为目的，以木麻黄为主的树种并不是那么美观，会影响游客入住酒店看海景。陈松田说："本着生态至上的原则，林业部门出台了一系列规定、规范，比如开发者如果想要更替景观树种，只能择伐海防林中的枯死株、病弱株。"

建设合拢的海防林基干林只是构建完善绿色屏障的第一步。据了解，未来，海南省海防林的建设还将从一般性生态防护功能向以应对海啸和风暴潮等突发性生态灾难为重点的综合防护功能扩展，从结构相对单一的防护林体系向以基干林带为主导，滨海湿地、滩涂红树林、城镇乡村防护林网、荒山绿化等有机配合的多层次结构防护林体系扩展，从营造防护林向绿化美化城乡、改善人居环境扩展。

东寨港红树林
黄志强／摄影

兴隆热带雨林中的参天大树
袁迎蕾/摄影

志愿护林员：热带雨林就是我们的手和脚

　　沿着海南省万宁市的"母亲河"——太阳河，从兴隆华侨农场一路向西，直到沉香湾水库，是两万多亩的兴隆凤凰山低海拔热带原始雨林，有30多名的护林员就生活在这片林海里。

　　记者来到护林员的简易棚居时，他们刚刚吃过午饭，几个人或站或坐地听收音机、聊天。两只小狗见到生人跑过来嗅了嗅，又百无聊赖地趴在地上打盹起来……

　　万宁市华侨农场总面积2001.06公顷，由于保护措施得当，目前已经形成较为完整的热带原始雨林，平均海拔高度150米，被誉为中国保护得最好的低海拔热带原始生态林。这里拥有次生林980.70公顷、人工林739.91公顷，森林面积合计1720.61公顷，森林覆盖率高达85.99%，热带雨林植物物种多达2500种。2013年11月，被国家林业局认定为"国家级森林公园"。

　　众所周知，热带雨林对全球的生态效应有着重大影响，茂密的雨林能吸收大

农场原副场长蔡德光接受记者采访
庄白羽／摄影

气中的二氧化碳,并源源不断地放出生命赖以生存的氧气,在维持大气成分的稳定方面起着重要的作用,因而热带雨林也被称为"地球之肺"。同时,它对于保持水土、吸收辐射、降低温室效应、保护生物多样性等方面也起到至关重要的作用。

谈到保护热带雨林的重要性,已过花甲之年的农场原副场长蔡德光就拉开了"话匣子"。这位为雨林付出了30年心血的老人,对于当年成立护林队时的情形记忆犹新。他说:"我从小在这里长大,那时候森林茂密,太阳河水清流急,气候宜人。20世纪80年代乱砍滥伐很严重,原始森林在消失,溪水断流,天气也越发炎热,我意识到不能再这样下去了,如果原始森林没有了,我们自身的后果也不堪设想,更难谈到日后的发展了。"

在大力号召种植经济作物、首要解决吃饭问题的年代提出森林保护并不容易。1983年毕业于华南热带作物学院的蔡德光来到这片雨林工作。1992年夏天,在没有任何补贴的情况下,蔡德光带领农场12名护林工,肩背生活用具,腰别砍刀走进凤凰山,成为首批志愿护林员。

刚开始时,他们用竹片、油毡纸搭了15米^{2}的茅草屋,靠着屋旁的溪水煮饭,没

记者跟随蔡德光体验平时巡山的路
庄白羽/摄影

有电,晚上只能点煤油灯。山里除了肆虐的花蚊子,还有旱蚂蟥等毒虫。他们每天穿行约35千米长的山路,是他们自己用脚踏出来的,用镰刀砍出来的。20多年来,他们守护着山林,与大山树木相伴、面对各种危险、与盗伐分子对峙,无怨地来回巡山,年复一年,日复一日。

为了最初的梦想,他们没有退缩,现在护林队已由从前的12人变成了一支由32人组成的专业队伍,共建成8个护林站。

记者跟随蔡德光在他们平时巡山最容易走的道路上体验了一下。雨林地区全年高温多雨,无明显的季节区别。走进雨林,里面密不透风,光线暗淡。在这里感觉闷热潮湿,分不清东西南北,抬头不见蓝天,满眼都是绿色的植被。在狭小不平的路上,脚下是原始森林的裸露根系,既要当心被绊倒,又要机警地将它们当台阶踩;头上则是像巨蟒一样扭曲缠绕的藤蔓和放肆生长的枝叶。十几分钟下来,大家都是汗水加露水,湿透了全身。还有雨林的蚊子把手臂和腿脚咬得红肿,不胜其扰。蔡德光笑道:"大家不要担心,现在比过去好多了,已经没有疟疾了。以前我们巡山时,得千万小心被蚊子咬,得了疟疾是有生命危险的。"

热带雨林中丰富多彩的生物
庄白羽 / 摄影

在丛林中，记者见到热带雨林丰富多彩的生物，雨林中的植物经过数百万年适应性进化，形成了许多其他森林植被所没有的令人惊叹的独特现象：有"树上生树"的空中花园，有你死我活的"绞杀"现象，有"一木成林"的榕树，有2~3米的巨大板根……最让人惊叹的是，两千多年的参天古树，两亿多年的巨石，在这个完整的雨林生态系统中被守护着、被荫蔽着，安然而静谧地存在，向未来做出历史的见证，为人类科研提供无价之宝。

经常有人问护林队员，你们这样没有经济收益，遇到盗伐团伙还有生命危险，图什么呢？蔡德光说："的确，曾经有护林队员被穷凶极恶的盗伐分子砍伤，落下了终身残疾。但是热带雨林是地球的肺呀，我们都是这里长大的人，不能看着家园消失。这里的每块地、每棵树都像自己的手脚一样。"看到眼前这奇妙独特的雨林世界，记者深深地明白了志愿护林员们保护雨林家园的赤子之心。

第七站 云南漾濞

漾濞，一个山区小县的富民突围路

只有10万人口的云南省漾濞县，山区面积超过98%；县城人口不足两万，约占全县人口的20%；大部分居民都分散在山区，从事核桃、药材等农业种植，依靠当地生态为生。这样一个边陲小县，如何让农民发家致富，实现经济突围，走上城镇化的道路？又如何在发展经济的同时保护生态资源，做到可持续发展？

家家守着"绿色银行"

高山区，稀疏的村落，没有工业，常常让人联想到一种吃不饱、穿不暖的情

当地人开起了农家乐，小院里挂着自己种的玉米，看家狗悠闲地晒着太阳
孙楠/摄影

景。的确，20世纪90年代，漾濞县漾江镇雀山顶的彝族村落就处在这种状态。人们住在由木头简易搭建的垛木房里，这样的房屋甚至没有一面能够严实挡风的墙壁；由于海拔高，热量不足，他们只能种植苦荞和土豆，每天都靠苦荞粑粑配着土豆过活；下山去集市换取东西要靠马，山路泥泞，一天也走不了一个来回。

在那个年代，类似雀山顶彝族村落这样的情况在其他地区还有很多。

不过，如今生活在贫困中的居民已经很少了：垛木房变成了家畜圈，摩托及小汽车代替了马车，全县85%的人口脱离了贫困。

让居民致富，当地政府靠的并不是引入重工业或开采山区林木、矿产，而是种植当地特色经济作物——核桃。

核桃种植在漾濞已有三千多年的历史。《南诏通记》记载"宋代段思平获商人遗以核桃一笼"，康熙《云南通志》记载"核桃大理漾濞者佳"。

"漾濞地域辽阔，气候适宜，土壤肥沃，年平均气温9~16 ℃，年降雨量超过

记者在核桃树下感受当地核桃文化
孙楠/摄影

800毫米，刚好适合核桃生长。"漾濞县气象局局长杨银介绍说。

从前，当地人用核桃榨油自用，并没有将其作为商品进行流通。而近些年来，当地政府打出了核桃品牌，并探索出能够增加林下附加值的种植。

在林下进行种植，避免了杂草对土壤的破坏，家畜粪便滋养核桃生长，形成循环农业，大大提高产量。漾濞县太平乡党委书记黄志忠说，高海拔地区的居民无法种植农作物，所以种植了中药材。这种探索让很多农民收入翻了一番。

太平乡箐口村的苏光德就沾了科学种植的光。"原先核桃产量低，但采取林下种植后，收成越来越好。我们种核桃的年收入有30万呢。"苏家的各类家电齐全，货车、轿车、拖拉机、摩托车一应俱全。用他的话说，日子过得比城里人还红火。

在充分发挥高原立体气候作用、大力开展生态养殖的同时，当地政府加大对人工影响天气、水利工程设施等方面的投入，用科技手段减少生态种植的损失。

"以前，山区的姑娘想嫁到坝区（平原地区），如今坝区的姑娘个个往山里嫁。"山区农民依靠特色种植奔向小康生活。漾濞县委宣传部副部长陈智勇说，在漾濞县，每年核桃的总收入超过10亿元，年收入在20万元以上的农户就有10户。

就靠绿水青山创造GDP

在云南省129个县（市、区）中，漾濞县GDP排在第125位。从某种程度上来说，县城的经济还不如东部某些发达的村庄好。

山区不能不发展经济。等着上级政府拨款，财政缺口永远补不上，必须要有造血功能，才能解决基础设施建设难等问题。

年轻的漾濞县委书记杨瑜被亲切地称为"核桃书记"。他深知一点，"生态资源是农民致富的绿色银行，要发展经济还得靠着当地生态，所以保护是第一位的"。

的确，即便是致富产业核桃，也不是无限制地开发种植。就目前而言，103万亩的核桃种植面积几乎不允许再扩大，除了荒地以外不允许再度开发。尤其是在"山帽子"一带，法律给当地山林开发拉起了红线。"所谓'山帽子'就是指水源地，一旦遭到破坏，山区居民生活就完了。这样还谈什么经济发展！乱砍滥伐是绝对不允许的！"漾濞县林业局原副局长杨董华说。

不能打破坏绿水青山的主意，杨瑜想到了一个法子，用保护绿水青山来挣钱。

要开发的旅游点之一——当地滇缅公路，抗日战争年代很有名的一条路
孙楠/摄影

他把落脚点放在贯穿漾濞山区的一条路上，搞起了公路生态旅游。

"要想富，先修路"，这句老话在当今的漾濞县依然适用。杨瑜看上的这条路是一段被史学家称为"保存最完好的滇缅公路"。

滇缅公路又称抗日公路。在抗日战争中，这段抢修出来蜿蜒上千千米的公路一度成为中国与外部世界联系的唯一运输要道。滇缅公路在漾濞境内里程达63千米，其中大部分都在漾濞县太平乡。正是因为"保存最完好"，这段路常年得不到修缮，一下雨就泥泞不堪。

既要保护周边生态，又要为沿线3万山区居民谋福利，在历史生态保护和民生基础设施的取舍中，漾濞政府决定，路要修，但不是大刀阔斧地修成宽敞的道路，而是发展公路生态旅游，用保护周边生态的方式创造GDP。

黄志忠说，当地政府决定把漾濞县到乡政府所在地的25千米修成柏油路，以方便大部分群众出行。其余部分只进行路面的重铺和修正，基本保持其原样，作为历

史文化的窗口。当地政府以九曲十八弯的滇缅公路秀岭段终点处沙玛塘附近为核心建设"滇缅沙玛生态公园",游客在参观生态公园的途中就能欣赏到沿边郁郁葱葱的生态景观。

公路生态游就是漾濞致富的一个缩影。在大型工业很难发展的山区县,依靠核桃产业、生态旅游,当地政府正在恢复自己的财政造血功能。

走特殊的城镇化之路

把漾濞的发展嵌入到国家经济发展的大环境中来看,提升人民生活水平,向新型城镇化发展,实现我国现代化,是一条必经之路。但是作为山区小县,根据自己的实际,漾濞走的也必定是一条特殊的城镇化之路。漾濞所带来的启示很多。

山区占我国国土面积的69%,承担着国家生态保障、资源储备、民族团结、经济发展等重任。山区能否抓住新型城镇化的历史机遇,不仅关乎山区经济社会发展的成败,更关乎国家新型城镇化战略的最终成败。

但若山区城镇化恶化了生态环境,丧失了生态屏障,其他地区将面临生存危机。同时,经济发展乏力、生存环境恶化,山区居民大规模迁居其他地区,将恶化迁入地区的资源环境承载力,并最终使这些地区新型城镇化难以为继。

在云南挂任漾濞县副县长的中国传媒大学副教授金勇认为:"落后地区,尤其是山区,如何坚持可持续发展?首先要注重生态,其次就是结合当地传统特色。"

对漾濞而言,特色产业就是当地的核桃。提高核桃产量、发展核桃旅游、核桃产品加工,尤其是在当今互联网框架下,通过网络将这些特色产业推广出去尤为重要。把这些做好,生态自然也就保住了。

杨瑜对此很认同。他把通过生态产业促进经济发展称为"巧实力"。在他看来,漾濞城镇化不只是在县城盖楼、集中山区居民来居住这么简单。"巧实力"才是带动县城发展"硬实力"和"软实力"的重要基础。

"筑好梧桐树,引来凤凰栖。"在县城建好住房是杨瑜计划的第一步。第二步就是出台优惠政策,吸引居民走出大山,进入县城。杨瑜的目标是有50%左右的人口居住在县城。"人多了就会拉动内需,就业岗位也会随之增加,人人都能在城市安家立业。"他说。第三步是最为关键的"堵好漏洞"。例如,在核桃产业采取市

漾濞风光
孙楠 / 摄影

场化管理,成立管理服务公司,依托村委会、核桃协会、私营公司等服务村民做好核桃产销。"老百姓最放心不下的钱袋子稳住了,自然也敢走出大山。"杨瑜说。

　　城镇化趋势不可逆。但在这一过程中,当地政府也有很多困惑。例如核桃产业的市场化管理缺乏相应的政策支持。但是,在富民突围与生态保护的这条平衡之路上,他们已经迈出了坚实的步伐。

七彩云南的底色

绿色，是生命的象征，也是七彩云南充满生机的底色。绿色的森林，是生命的海洋，呵护着地球的"肌肤"，孕育着无数的生物。在七彩云南这片土地上，森林就像坚守的卫士，守护着这里的生态安康。

绿色的"地球之肺"也是水源保障

2010年以来，杨善洲的名字在全国流传。这位云南省保山地区（后改为"保山市"）原地委书记退休后带领大家在施甸县大亮山栽种了大量树木，为当地发展鞠躬尽瘁。此举的现实意义在云南遭遇四年连旱中被突显出来。

"因为大亮山的树木一直很多，因此，几十年来，我们的用水从来没有断过。即便这几年天'干'，也只是水流小了些。"在大亮山中生活了数十年的居民说，"尤其是杨善洲老书记和一些人继续在山上栽了许多树后，森林覆盖率达到90%以上。我们旧城乡山上山下大部分地方都不会缺水，而旁边很多地方就不行了。"

的确，山外面的许多地方是另外一幅景象：小河干枯、田地荒芜……民间、政府都为水的问题焦头烂额。但也有正面的例子：在大旱期间，元阳梯田里一样有水种水稻。当地60万亩的天然林，保存了充足的水源。

森林是自然界中功能最完善的资源库、基因库、蓄水库、贮碳库和能源库，被称为"地球之肺"。

除了生产氧气、吸收二氧化碳，森林对气候还有调节作用。由于林木根系深入地下，源源不断地吸取深层土壤里的水分供树木叶面蒸发，森林上空经常形成雾气，增加了降水。通过分析对比，林区比无林区年降水量多10%~30%。然而，森林的生态系统也是十分脆弱的。人类的焚烧和砍伐可将大片浓密的原始雨林顷刻毁灭。而地表植被是森林系统中最主要、最关键的部位，也是最容易遭受人类破坏的部分。植被一旦被毁，养分便由于遭受雨水冲刷而很快消失。这样一来，地表植被很难恢复，整个生态系统也会面临崩溃。

云南是全国重点林区省份之一，也是全国乃至全世界生物多样性最为富集的地区之一，是中国西南的生态安全屏障，生态区位十分重要。云南林业厅的数据显示，云南林区有国家重点保护的野生植物122种、野生动物199种，珍稀物种资源占全国的67.5%，居全国第一位。经核算，云南森林生态系统服务功能总价值每年达1.48万亿元，占全国的14.8%，居全国各省（自治区、直辖市）之首。

云南省林业调查规划院总工程师温庆忠在回答记者提问时称，云南省森林生态服务功能最突出的价值首先体现为生物多样性保护价值，其次为水源涵养价值，第三是保育土壤价值。评估结果客观地体现了云南省森林生态系统在我国重要的生物多样性宝库和西南生态安全屏障建设中的重要战略地位。

此绿非彼绿 覆盖率高并非质量高

目前，云南的森林覆盖率并不低，难道不能起到涵养水源的作用以减轻干旱吗？记者行进在云南的山间，发现山上的林木茂密，但树干却非常细，棵棵小树密密地挤在一起。当地人告诉记者："这是近些年来飞机播种的结果，森林覆盖率提高了很多，但并非原始森林。"覆盖率高固然好，但森林资源质量并不高。这意味着一些地区所谓的"森林"其实与真正的森林并非一个量级，与国际公认的"森林是由树木为主体所组成的地表生物群落"的定义还有距离。

森林抵御自然灾害的能力是依靠其生态功能来实现的，而森林生态功能的发挥必须依赖大量连片的森林。这就要求森林有较大的数量和较高的质量，才能有效抵御和减轻相关自然灾害。据媒体报道，要使森林发挥对自然环境的保护作用，其覆盖率要占总面积的25%以上。

对于云南大旱的原因，各方面专家及民间研究者观点各异。从气象角度来讲，大气环流异常及暖湿气流无法抵达云南上空导致干旱。但从人为因素来讲，认同"砍伐原始森林改种桉树、橡胶等经济作物，而导致干旱"的意见也不在少数。而不可否认的是，森林在涵养水源、输送水汽方面具有重要作用。

因此，严格地说，云南一些地区的森林不过是由单一树种的人工林组成的树林，其涵养水源、固碳和保持水土的作用大打折扣。

为了追逐经济利益，个别地方毁林开垦的现象屡禁不止。有些地方为了获取木材利益不断进行砍伐，另外一些地方则是为了栽种经济林木而毁坏森林。更有甚者，两者结合进行。近年来，许多人在乘坐飞机经过云南上空时，都会发现"要么山上的红土地光秃秃的，没有树；要么是非常整齐的人工林"。

2014年

在当今林学界，人们将树木种类单一、树龄相近、十分密集的人工林称为"绿色沙漠"。因为在这样的树林中，植物种类极为单一，无法给大多数动物提供食物或适宜的栖息环境，因而动物种类十分稀少。这样，树林生物多样性水平极低，因而生态十分脆弱，缺少天敌对虫害进行控制，很易感染虫害，从而造成大面积损害。同时，这样的树林地表植被状况很差，因而保持水的能力差，一般比较干燥，易形成林火灾害。

卫星遥感监控热点 气象林业多部门联动

近年来，连年大旱致使云南省森林火情、火灾频繁发生。从气象卫星监测显示的结果来看，2014年4—5月，云南森林覆盖率高的地区火险等级几乎居高不下。

"今年1月上旬以来，滇西北、滇中北部地区较常年提前出现高森林火险气象等级，丽江、大理、怒江、迪庆、昆明等地先后发生森林火灾，森林防火形势十分

漾濞风光
孙楠/摄影

严峻。"在云南省气候中心遥感科，中心主任朱勇带着记者查看了近期的卫星热点监测图。截至记者采访时，云南省已出现3级以上森林高火险天气74天，连续出现4级以上森林高火险天气34天，共通报处置卫星热点549个，发生森林火灾32起，受灾森林面积90公顷。

枯燥的数字或许不太引人注目，但是到过火场的人却永远忘不了那吞噬天地的浓烟和焦黑的残木带来的震撼。森林火灾位居破坏森林的三大自然灾害（火灾、病害、虫害）之首，会对整个生态系统造成难以恢复的影响。

云南省防火办主任林向东告诉记者，近几年来，云南连续遭受了4年连旱的挑战，致使森林防火严峻性不断加剧，"森林防火趋势正从季节性向全年性转变，且森林火灾'难防、难救、易伤亡、损失重'的特点突出。在连年干旱的影响下，可以说近几年是我省森林防火工作面临挑战最大、形势最严峻的几年。"他说。

而气象卫星遥感技术可以有效、及时地发现林火，这便为避免出现更大损失起到了至关重要的作用。朱勇介绍，云南省气候中心与国家卫星气象中心遥感应用室加强业务联系，开展了森防期内的火情通报机制，做好对地州（市）气象部门的技术支持工作。森防期内，"每日卫星热点信息"及时向各相关部门报送监测结果，供各级、各部门及时调用，形成了国家、省、州（市）气象局三个层面上的业务联系和反馈机制。

同时，气象部门与林业部门建立了林火气象服务联动机制，与云南省森林防火指挥部办公室形成火情反馈机制，双方互通信息，联手开展森林防火工作。

每日18时后，云南省森林防火指挥部向云南省气候中心通报当日的森林火情状况；气候中心每日制作森林火险气象等级预报，每旬提供"森林火险气象分析周报"，每月提供"森林火险气象分析月报"，制作了冬春季、春季的森林火险气象等级趋势等长期预报产品；同时，逢"元旦""春节"等节假日，还制作专题服务产品。

红色火险相逼　人工增雨成特殊手段

俗话说：一点星星火，可毁百年林。云南省林业厅向媒体透露的数据显示，截至2014年5月中旬，云南受灾林地面积已达184.5万亩，成灾103.7万亩，报废42.2万亩，直接经济损失2.3亿元人民币。

预防或减轻森林火灾带来的损失，可以对生态环境带来极大的帮助。而随着现代科学技术的发展，人工增雨已经成为人类向天空这个天然大水库索要水资源的重要手段；是缓解旱情、解决淡水资源紧缺的重要方法。实施人工增雨不但可以有效缓解旱情，而且对森林防火、改善生态环境等起到积极作用。在人力难为的森林火灾面前，有时，人工增雨扑火或可解燃眉之急。

2014年2月17日，中缅边境七号界桩附近出现森林大火。当天15时许，因风向突变，火头突然由缅方蔓延至我国腾冲县境内，多个火点起火。由于该年以来腾冲境内没有出现降水，风高物燥，火势蔓延得极快，加之失火地点交通不便，人力扑救难度加大。巧的是，17日，中缅交界地区天气为多云到阴有小阵雨；18日，全县大部地区将出现小雨，中缅交界地区有小到中雨。人工影响天气作业人员根据预报情况，抓住有利时机开展增雨作业。作业后，火场附近迅速出现降雨，降水强度达中雨量级，山火得以彻底扑灭。

腾冲县气象局局长赵斌告诉记者："火烧起来可是不分国界的。目前由于外交关系，我们也不能去缅甸扑火，所以对于这种跨国大火，用人工增雨的方式扑火还是比较有效的。"

昆明市气象局局长李文祥说："用人工增雨的方法可同时扑灭明火、残火，不留隐患。我省扑灭几起重大森林火灾的实践表明，人工增雨以后，降雨量在5毫米以上，森林没有出现复燃。"他介绍道。另外，用常规方法扑灭森林火灾，后勤工作量大。森林火灾区一般都在山区，路况差，车辆难以或无法通行。灭火人员进入现场及各种物资、器材的运输都非常困难，有时需要一半以上的人员从事后勤工作。用人工增雨的方法需要的人员少、物资装备少，后勤工作量小，灭火效率高。

刚从"火线"上下来的毕广才告诉记者，在这样的干旱天气下，森林防火部门以及值守的护林员每天都无法安睡。护林防火员在山上巡逻都挑人少、山高、树多的地方，那里最易发生火灾。他说："这时，看到人工增雨作业人员在那里驻扎的帐篷，我们很感动也很激动，就盼有机会他们能增一点雨，湿润一下空气也好呀！森林火险等级也会稍微降一降。"

绿与黄更替 林木图景的历史与现状

滇东北地区，即今天的昭通市、曲靖市的会泽县和昆明市的东川区等地，自清代以来，就是重要铜矿产区，而开矿炼铜都需要大量砍伐原始森林。据《东川市志》记载，一百多年来，因为铜业的需要，使滇东北地区损失了6450千米^{2}的森林，约占土地总面积的21％。这些林地被砍伐后，由于没有适当的保护措施，这里自然变成了水土流失地区；至今日，已成为云南水土流失最严重、森林覆盖率最低的地区，也是全国泥石流、滑坡等灾害最严重的地区。

在地图上可看到，滇东北地区是一片荒芜的黄色，与云南其他被绿色覆盖的地区大相径庭。

掠夺式的开采造成大量土地裸露，加剧了水土流失。而水土流失使土层变薄，土壤蓄水能力减弱。记者在采访中注意到，在云南旱区，越是林木少的地区，缺水情况就越发严重。以昭通市的巧家县为例，全县森林覆盖率从1954年的10.45％下降到1961年的9.27％，到1974年则下降到4.9％，森林覆盖率跌入了历史的低谷。

由此换来的是大自然无情的惩罚。1987年的卫星遥感航片判读测算资料显示，巧家县水土流失面积达2280.63千米^2，占全县面积的71.4％。每到雨季，泥沙伴着雨水汇入金沙江，江水呈褐黄色。当地老百姓形象地说："金沙江变成了黄河。"

在历史上，云南的森林覆盖率有相当大的波动。当地林业部门的统计显示，由于历史原因，对森林乱砍滥伐，云南省的森林覆盖率由20世纪50年代初的47％下降到70年代的24％。2009年，恢复到49.9％。

云南省为此也做了大量努力。从2007年起，该省全面启动"七彩云南保护行动"，树立和落实"生态立省、环境优先"的理念；2010年，启动实施了《七彩云南生态文明建设规划纲要》，计划用10年时间新增森林面积千万亩，工程区森林覆盖率达67％以上。

均衡"肥""瘦" 需更科学"营养"搭配

要让广袤的国土上生长出更多的林木和更大面积的森林，仍离不开高瞻远瞩的政策支持和有效的手段。

国家气象中心农业气象中心高级工程师曹云说："在云南的雨季，应严密观测墒情，抓住有利天气气候条件，加快植被恢复建设。要充分利用气候资源分析，建设森林生态保护区，进行生态补偿。"

在山区人多地少的现实情况下，需要足够的耕地、畜牧业来保证生存。目前，把大量土地用来种树很难实现。同时，在农村土地、林地实行承包后，也不容易实现大面积连片种植。

两年来，云南省人大代表、省政协委员纷纷以提案、议案的方式建议结合本省实际，选取试点探索建立环境生态补偿机制。对于生态环境保护有贡献却同时失去经济发展机会的地方，要给予相应的补偿。

同时，林业的发展与自然环境和气候条件是密不可分的。曹云说："除了人为因素外，对森林生态资源影响最重要的因素就是气象条件。"他介绍道，气象条件在很大程度上决定森林的地理分布、种群结构和生产力水平，是影响森林生态环境重要而又最为活跃的因素。因此，开展森林生态气象监测研究，加强气象为林牧业生产以及生态环境保护建设服务工作，对各级政府进行科学决策，发展林牧业生产，提高森林生态环境质量具有十分重要的意义。在全球气候变化加剧、极端天气增多的今天，林业部门从保持生态平衡的宏观角度出发，在制订发展方针、造林规划、木材产量规划等方面，需要更多地参考气象部门的意见。

曹云告诉记者，森林生态系统服务功能（包括水源保护、水源涵养、水土保持、防风固沙、防洪蓄洪等）的发挥在很大程度上取决于气象因子的组合。面对未来的气候变化，亟须分析、评价生态系统的现状和演变趋势，研究气候变化背景下森林生态服务功能的变化等，提出生态功能调控与生态建设方案。

在气候变化的背景下，要研究中国森林生产力变率的分布格局、演变趋势及其影响机制。同时，探讨极端气候事件对森林生产力的最大影响和未来气候变化对植被的可能影响也十分必要。气象部门也在加强森林生态系统服务功能的研究。

美丽中国——这个富有诗意和温暖的词语，再次让世界对中国的未来发展充满了无限的想象空间。这个充满了动感和色彩的词语，正为我们打开一幅"青山常在、碧水长流、天空更蓝"的美丽画卷。

"肥了"利润却"瘦了"环境，这种"红肥绿瘦"，只能"富"眼前，却不能"富"得长远。在水资源持续短缺和气象灾害频发的背景下，在经济社会需求的推动下，处理好民众的"红色利润"与环境保护的"绿色利润"之间的平衡关系，是我们任重而道远的工作。

风能资源开发的收获与困扰

在有着"彩云之南"之称的云南的蓝天下，给人印象最为深刻的就是这里的风。四周安静的时候，甚至能听到空气流动的声音。它从你的耳畔掠过，从你的指尖流过，胸中浊气涤荡一空，在一呼一吸之间，身心也轻盈起来。在这个空气清新、负氧离子浓密高的地方，你可以自由自在地、毫无负担地呼吸。这清新除了缘于高原的气候特点之外，也与云南省清洁能源的大力发展、减少大气污染有关。

不过，虽然以风能为代表的清洁能源在近年来快速发展，但风功率预报、风电预报等难题还制约着风能资源发挥更大作用，而弃用风电和并网等问题也困扰着相关行业。

节能环保之风吹动"大风车"

在清洁能源中，风能发展势头正盛。风能，取之不尽、用之不竭，可再生、无污染。随着全球气候变暖和能源危机的出现，亟须新能源在生产、生活中发挥作用，而风能正在凸显其独特优势。

从发电引起的温室气体排放量来看，燃煤最多，风电最少。因此，风力发电从生态的角度来看有着得天独厚的优势。

随着经济社会不断发展，我国工业生产能力和人民生活水平都在不断提高，这就意味着能源消耗量会越来越大。地处祖国西南边陲的云南，煤炭储量并不丰富，石油和天然气的储量更是很少，但凭借着良好的风能资源条件，成为全国新能源产业发展的"黑马"。

据云南省发改委资料显示，云南风电能源总储量为1.2亿千瓦，经济开发量为3000万千瓦左右。截至2014年4月1日，全省风电项目共有38个，总装机规模175.05万千瓦的风电项目已经建成投产。

这只是云南风能快速发展的一个缩影。在"十二五"期间，国家能源局第一批风电项目核准计划下达给云南的风电项目是64万千瓦，而第二批就达到了136万千瓦。仅增补的装机容量一项，几乎就等于到2011年底时云南省全部的风电项目装机容量。在"十二五"期间，云南省有望成为长江以南最大的风电基地。

气象把脉风能"家底"

云南地处低纬高原，具有明显的季风气候和立体气候，冬季盛行干暖的南支西风气流，夏季盛行湿润的海洋季风。在云南山区，风速的地形效应非常显著，风速随相对高度增大而增大，平均风能密度和有效利用时间随海拔的增高而增大。由于风能资源丰富，质量优良，全国各大发电企业纷纷在云南投资开发建设风电场。

而在茫茫群山之中，如何选择建立风电场的地方呢？一个风电场的建立，需要环保、能源、林业等部门进行多项审批和认证，而判断风电场选址处是否能产生风能效益则需要气象部门根据国家标准，进行风能资源评估，开展气候可行性论证。2005年以来，云南省气象局积极参与到风电场规划选址工作中。

根据国家标准要求，在风电场选址后，要通过两个测风塔进行一年观测，从而开展风能资源评估。云南的绝大部分风电场都在山脊上，小部分是在山峰之间的台地上。在这细长的山脊上，测风塔放置在哪里、设定多高，才能使所测的数据对于整个风电场具有代表性呢？

气象科技人员踏遍云南的每个风电场区域，根据长期积累的观测数据以及成熟的技术分析手段，结合现场的地形和自然条件，决定在什么地方进行观测、在什么高度观测、观测哪些项目等，现已指导安装了百余座测风塔。

云南风能资源分布较为分散，气象科技人员实地考察了迪庆、大理、丽江、怒江和玉溪等市（州），完成了云南省风电场的规划任务，撰写了风电场工程规划报告，为开发云南风电资源提供了充分、可信、科学的工程开发指导意见。

以气象部门长期工作成果为基础，云南省发改委和云南省气象局在2007年联合下发《关于加强云南省风能资源观测与风能资源评价管理的通知》。该通知明确规定在云南省行政范围的风能资源观测，必须到云南省气象局备案；在云南省行政范围内建设的风电场，其风能资源评价工作由云南省气象局负责完成。另外，风电场的气象观测数据也必须报送云南省气象局审核、存档。由此，云南风能资源开发管理得到有效规范，确保了风能资源开发的科学有序。

并网难题困扰风电利用

风电场在开发过程中取得了良好的效益，建成的风电场每年可为电网系统提供可观的电量，加快了地区能源电力结构调整，对于改善生态、保护环境，促进可持续发展起到推动作用。风电已超过核电成为继煤电和水电之后的第三大主力电源。据统计，在"十一五"期间，我国风电装机年均增长86％，"十二五"以来年均增长仍高达30％，但电网接纳风电能力却远远滞后。据国家能源局数据显示，2012年，全国弃风电约200亿度，是2011年的两倍，无形损失100亿元以上。这番数字一经公布，引发了不少业内人士的微博"吐槽"："一边是遍及大江南北、挥之不去的雾霾，一边是超过200亿度的弃风限电，等于去年有6700辆满载煤炭的火车开进茫茫大海。"

在低碳发展、绿色发展的需求和环境保护呼声日益高涨的关头，作为清洁能源的风电为何还被大规模弃用？

中国气象局风能太阳能资源中心副主任杨振斌说："风电具有随机性、间歇性、波动性特点，而电网的安全稳定运行要求电源稳定、可控。一旦天气在较短的时间内由大风转为小风，甚至静风，而其他的电源又无法在相应的时间内补充上来，就给电网稳定运行带来困难，影响电力系统的安全性。"

有风电行业人士将风电比作任性的孩子，"需要它发电时，可能一下没风了。不需要那么多时，刮得起劲"。如果风机无法承受系统电压的波动，或是电网发生了故障，就容易导致脱网。脱网则会威胁整个电网的安全，甚至可能造成电网瘫痪。所以，目前并网和消纳难的问题成为风电发展的主要制约因素。

据杨振斌介绍，在一些风能资源发达的偏远地区，如内蒙古、新疆的草原戈壁上，地广人稀，用电量并不大。如果电网没有完备，风电场发了电送不出来，所发的电也就用不完。"风力发电有波动性，需要强大的电网支撑。"他说。

而在云南，由于水电发达，电网企业已经在全省绝大部分地区布设电网，风电上网并不困难。

云南省一直是以水力发电为主，但大部分电站为径流式电站，枯水期发电量少。而枯水期刚好是云南的大风季节，将风能资源利用起来，通过风电补充枯水期电能，使风电和水电构成有机的供电互补体系，对经济发展、保护环境具有重要的作用。

云南省气候中心应用开发科科长范立新说："云南在干季降水稀少，风能充足，雨季降水多，水电发电量巨大，风电和水电之间就可以形成互补。从技术的角

度来看，需要把水电和风电互补的时间和发电量计算出来，以供电网公司进行整体调度。电网公司统筹安排，在有条件的地区，在干季时以风力为主，在雨季时让风电场限电，保证水电。"

专家的共同观点是，风力发电在中国还处在起步阶段，在全国发电总量中占的比重还很小，不过由于社会发展，电力需求越来越大，根本不存在发电量过剩的问题。

发展可再生的清洁能源，是国家"十二五"规划的重要内容。因此，为了更加合理地发展风电这种清洁能源，合理调度风电并网是重要问题。

解析风电预报之难

为了保障电网的安全稳定运行，开展针对风电场、风电场群和电网的风电功率预测，进而对风电功率变化趋势进行预测，通过风电的可预测性，提高风电的电能品质。在这样的需求下，风功率预报应运而生。

早在2011年国家能源局便下发通知，明确要求各风场开展风电预测，根据预测情况进行风电的有效调控及并网消纳。这给大规模的风电并网提供了技术支撑，是风电发展的助推剂。

风功率密度是指在单位面积、单位时间上通过的能量是多少，蕴含着风速分布和空气密度的影响，是风场风能资源的综合指标。

"风电预报系统对精细化程度和准确率要求很高。"杨振斌说，风电场每5分钟需更新一次未来4小时的风电预报，每天更新一次或两次未来24小时的风电预报。目前风电预报仍是一个难题。

杨振斌说，目前，我国缺少统筹的、一体化的风电观测网络。数值预报是风电预报的基础，数值预报水平会在一定程度上影响风电预报效果。

"风的预报，在气象预报中就是有一定挑战性的，不可能做到100%准确。"杨振斌说。

风是一种大自然赐予的神奇力量，向哪个方向吹、何时吹、何时停，都无法人为控制。但是在同一地区，风的规律是有迹可循的。据范立新介绍，通过总结规律，使用气象技术手段可以预测预报出风能，以便使风电在并网过程中，调度更加合理、入网送电更稳定。

一般一个测风塔观测时间为1年，而一个风电场可以工作20年。要用1年的观测资料推演出20年的平均水平，需要做大量的技术工作来进行长期订正。范立新说："这个时候，风电场周边的气象站几十年的观测资料就派上了用场，只有气象部门具备这种长时间序列订正的能力。"

在苍山下洱海畔，著名的"下关风"带动着清洁能源的利用。大理风能资源丰富，是云南风能资源开发利用的代表性地区。由于积极探索，勇于实践，大理风电管控水平明显提高，仅2012年大理电网风力发电量就达13.88亿千瓦时，绿色能源开发利用成效凸显。

据大理白族自治州气象局局长王永平介绍，为提高本地化运用效果，气象部门收集分析了几年来者磨山风电场风力发电功率的时间、空间变化特征，找出其中的变化规律，做好数值预报的解释运用。通过分析原始观测记录，寻找出风能月际、日际变化等规律，为风速预报、检验提供依据。大理白族自治州气象局根据实际运行效果分析，找出了预测系统误差指标，正对数值预报模型及统计模型进行订正完善。

破解风电预报瓶颈

风电预报作为一个新生事物，仍存在一些问题，需要在发展的过程中逐步得到解决。

杨振斌认为，国家能源局鼓励和支持风电预报，目的是通过预测，提高电网对风电的接纳能力，促进风电和电网的协调可持续发展。但是，目前对于风电预报的作用和意义的理解还存在着一些误解，风电预报得准，就可以并网；预报得不准，就可能会拉闸限发，这是不应该出现的事情。预测的目的不是限制，而是更好地接受。根据《中华人民共和国可再生能源法》，风电等可再生能源电力是需要优先开发、优先并网的。在实际中，风电还没有完全纳入发电计划。这其中有技术、体制的问题，也有利益的问题。在全国范围内，风电预报技术体系应该如何建立，如何布局，气象部门、电网、发电企业各自该做些什么，所有这些问题，还需要进一步调查研究。

国家能源局对风电预报的准确率有统一的要求，但是各地情况不一样。从科学角度讲，有些地方由于地形、气候的复杂性，会导致预报难度加大，准确率可能会比较低，很难达到国家能源局设置的"门槛"，这就极易挫伤当地风电企业进行预报的积极性。所以应该根据每个地方的不同特征设置不同的标准，而不是用一个统一的标准去衡量。

目前国内企业开展风电预报有几种情况：自行直接运用数值天气预报模式进行预报，或对可获得的基础数值天气预报数据再加工，或直接购买国外专业公司的服务进行预报服务。

"风电功率预测的关键环节之一是数值天气预报，但我国在这个领域的发展时间较短，尚未建立严格、科学的考核体系，或者尚未严格执行，这也在一定程度上导致风电预报市场缺乏理性竞争。"杨振斌表示。

多年来，者磨山风电场都通过公开招投标的方式选择为其提供风电预报的单位，大理白族自治州气象局已经连续几年中标。者磨山风电场场长朱发荣告诉记者："我们也曾经找过其他企业做预报，但是效果都不如气象部门。他们的服务对我们的帮助是很明显的。"

很多企业获得数值预报的数据来源不稳定。与之相比，气象部门长期以来建立的预报业务体系能够严格保障风能预报业务和服务的稳定性，不会出现预报中断等情况。

杨振斌认为，除了开展风能数值天气预报，提高风能预报准确率外，气象部门还可以通过与电力企业的合作，将灾害性天气监测预警等信息及时提供给风电场、电网等企业，提高风电场、电网等电力设施对灾害性天气的防御能力，有效降低潜在的安全风险。近期，在国家能源局的组织下，气象部门正在积极推动风能数值天气预报技术体系和风能数值天气预报平台建设，进一步提升风能预报服务能力。

绿镜头·发现中国
（2013—2016）

不过，在陈智勇看来，先把人们生活水平提上去才是工作的硬指标。"例如，乡镇里没有好高中，我们在县城里建了高中，集中全县的学生，山区的农民有了钱才会把孩子们送出大山来上学。这样才能反过来促进地方经济发展。"

确实，当地居民眼下目标还是增加收入。当问赵相全还有些什么困难，希望政府给予何种帮助时，赵相全没有提到今后子女教育、医疗或者其他基础设施建设问题。他说："我们农民还是需要农业技术，比如重楼，现在3年才能挖出来卖一次，能不能通过技术手段，缩短到两年甚至更短，这样我们才能有更好的收入。"

漾濞县林业资源丰富，如果开采林业，政府财政收入能有大幅度提升，经济增长指标也能轻易完成，但当地政府停止了所有的林业砍伐指标，富民经济作物核桃的种植面积也不允许过度增长。"今年砍了树，经济指标能上去，明年后年怎么办，水土流失了，出现次生灾害怎么办？"陈智勇说，于是政府动用科技力量，例如气象部门人工增雨等防灾减灾措施、林下养殖等科学管理手段等，提质增量，保障并提高居民收入。

陈智勇坦言，农村经济发展得很好，但没有大型工业，"在漾濞这种山区县，一块大的平地都很难找出来，又缺乏劳动力，招商引资非常困难。县里财政上不去，基础设施建设就很难跟上。"

赵相全止在护理他的重楼田
孙楠／摄影

县域经济突围 先让人民富起来

见到赵相全时，他刚护理完自家后院的重楼地。重楼是一种名贵药材，有清热解毒、消肿止痛等功效。赵相全是云南漾濞县漾江镇抱荷岭村民小组的普通农户，除了像漾濞很多农户一样种植核桃，还种植一小片重楼，并且养了些山猪。

赵相全每天都要看一看他那片重楼地，这个季节药材还没长成，被埋在土壤下面，他还是不放心，精心呵护。"别看这地不大，光这一部分今年就卖了两万块钱。"赵相全指着这片重楼地中的几块，面积加起来不足20米^2。

"比起以前，收入是好太多了。从千级变成万级，翻了可不止一两倍呢。"说起如今的日子，赵相全乐得合不拢嘴。回想起20世纪90年代，赵相全和当地很多农民还住在垛木房，简单的木头房子连一面能够严实挡风的墙壁都没有，下山去市里主要依靠马。而现在，垛木房已经成了山猪的圈，出门也开上了小汽车。

当地政府把这归功于满足可持续发展的特色产业。依托于祖辈流传下来的核桃种植业，在林下进行农作物、药材及家畜养殖，农作物和药材种植避免杂草对土壤的破坏，家畜粪便滋养核桃生长，形成循环农业，大大提高产量。

为了减轻农民负担，政府减免了农业生产的相关税收。居民逐步富裕起来，但是县域的经济如何突围？漾濞彝族自治县是国家级贫困扶持县，超过98%的面积都是山区，以赵相全所在的漾江镇为例，全镇面积415千米^2，12个村委会，145个自然村，只有1.5万居民。居住分散，并且劳动力缺乏。提高城镇化建设、增加政府经济投入，从而发展基础设施成为一道难题。

党中央、国务院在关于新型城镇化建设的报告中特别强调了"注重民生"。城镇化建设，尤其是山区城镇化建设，绝不是简单的"土地城镇化"，不是"新愚公移山"，而是以人为本，是人的城镇化。

漾濞县作为山区县就抓住了这点，不以经济指标为首要考核指标，而是首先考虑居民的生活水平，实现当地群众的小康生活。

"政府很富、农民收入较低的县也有很多，例如，我们考察过一些矿产资源富裕的地方，政府开采矿产很富裕，但是遗留下一大堆生态问题，直接影响了居民的生活。这不是我们想要的发展模式。"漾濞县委宣传部副部长陈智勇说。

2015年

江西→贵州→内蒙古赤峰→吉林→内蒙古鄂尔多斯→福建

第一站：江西

鄱阳湖生态经济区：如何在青山绿水间崛起

暮春初夏之际，美丽富饶的鄱阳湖，芦海浩荡，水天相接。世代寄居、生长在湖畔的万物生灵呈现出盎然勃发的生命力，洋溢着江西自古而今崇尚自然的文化气质与生态理念。

赣鄱大地，钟灵毓秀。依托着鄱阳湖的生态保护与发展，江西省打造出一个以保护生态、发展经济为重要战略构想的经济特区，区域范围包括南昌、景德镇、鹰潭3市以及九江、新余、抚州、宜春、上饶、吉安市的部分县（市、区），共38个县（市、区）和鄱阳湖全部湖体在内。在这一生态经济区内，有与陶瓷签下千年契约的小镇，也有以铜业生产闻名全国的新城。面对着曾有的资源不断枯竭的严峻形势，置身在全国大力推进生态文明建设的浪潮中，鄱阳湖生态经济区将如何演绎蓝天白云下绿色崛起的传奇？且随着中国气象报社"绿镜头·发现中国"采访报道团队的脚步，一起去探寻吧。

青山绿水间觅食的野鸭
庄白羽/摄影

如何在青山绿水间崛起

站在鄱阳湖港口,极目远眺处烟波浩渺、气势磅礴,耳畔边不时响起游船的马达声,鼻间闻到些许淡淡的鱼腥味,感受到的是大自然眷顾并赋予的一片美丽与祥和。

"鄱阳湖上都昌县,灯火楼台一万家。水隔南山人不渡,东风吹老碧桃花。"作为中国第一大淡水湖,鄱阳湖尽显神奇与魅力,具有独特的生态区域优势,在长江流域发挥巨大的调蓄洪水和保护生物多样性等生态功能,是我国十大生态功能保护区之一,也是世界自然基金会划定的全球重要生态区之一。

围绕着鄱阳湖生态经济区建设,近年来,江西省着力探索并努力在生态保护与经济发展的天平两边博弈。正如江西省人民政府鄱阳湖生态经济区建设办公室副主任刘兵所言,江西省生态保护、可持续发展理念的探索和实践起步较早,在鄱阳湖生态经济区建设方面,特色是生态,核心是发展,关键是走出一条生态与经济协调发展之路。

独特的气候孕育了鄱阳湖区域独特的生态属性

鄱阳湖拥有多姿多彩的自然景观,其承赣江、抚河、信江、饶河、修河五河之水,下汇长江,构成完美的鄱阳湖独立水系,流域面积为16.22万千米^2,相当于江西省域面积的97%,占长江流域面积的9%。在鄱阳湖中,有许多大小沉浮的岛屿,形成了众岛星列、簇簇拥翠的壮观景象。

据江西省气候中心副主任王怀清介绍,江西季风气候特点明显,四季分明,春季温暖,夏季暑热,秋季凉爽,冬季湿冷。作为江西的"眼睛",鄱阳湖因"泽国芳草碧,梅黄烟雨中"的湿润季风型气候,成为著名的鱼米之乡。独特的地理位置、气候特点及水陆交替的湿地生态系统,孕育了极其丰富的生物资源。湖内分布的野生动物种类繁多,有浮游植物800多种,高等植物600多种,浮游动物607种;湖中鱼类140种,占长江水系中鱼类的46.7%;此外,还有豚类2种,已鉴定的贝类87种。鄱阳湖蕴藏的珍贵特种基因以及极高的生物多样性在中国淡水湿地乃至世界上都十分罕见。

九江市星子县[①]被誉为庐山和鄱阳湖相恋的地方,其境内鄱阳湖岸线长118千米,鄱阳湖星子水域面积有373千米^2。星子县副县长熊杜明告诉记者,鄱阳湖是国际迁徙性珍稀候鸟重要的越冬栖息地。每年秋末冬初,成千上万只候鸟从俄罗斯西伯利亚、蒙古及中国东北等地飞来,到第二年春天离去。

虽然记者到访的时间恰逢远方的候鸟已离去,但是顺着熊杜明手指的方向,仍能看到风中层层叠叠的芦苇在摇曳,辽阔的青草地上现出牛群悠闲的身影,白云点缀的蓝天偶尔飞过展翅高飞的鸟群。一切的宁静与美好都在昭示着这里的确是候鸟们最为中意的理想栖息地,不愧是"鄱阳湖畔鸟天堂,鹬鹳低飞鹤鹭翔"。据记者了解,目前在鄱阳湖保护区内的鸟类已达300多种、近百万只,其中珍禽50多种。还有白鹤、黑鹳等10种国家一级保护动物,白鹤总数达4000余只,占全世界的95%以上。因此,这里又被称为"白鹤世界""珍禽王国"。

发展与保护,如何在天平两端博弈

鄱阳湖是典型的季节性湖泊,"夏秋一水连天,冬春荒滩无边",形成"高水是湖,低水似河""枯水一线,洪水一片"的独特自然景观。据刘兵介绍,从20世纪80年代,江西省就将山、江、湖融为一体开展生态保护探索,针对当时鄱阳湖流域生态失衡严重、环境恶化和经济落后等问题,开始启动"山江湖工程",并随后相继实施了"灭荒造林""山上再造""跨世纪绿色工程""小流域综合治理"等一系列工程。

但是,随着经济社会的发展和全球气候变化脚步的加快,这里的生态保护形势依旧严峻。近年来,鄱阳湖水域面积的变化备受社会公众的关注。2011年,江西省出现历史罕见的春夏连旱,导致鄱阳湖出现严重干涸;2013年10月下旬,受前期降水持续偏少和长江水位偏低影响,鄱阳湖水面比历史同期偏小1/4,为近10年来卫星遥感监测同期最小水面。鄱阳湖保护问题,一再成为媒体和公众关注的焦点。既要保证生态的健康、永续发展,又不能让老百姓守着贫穷过日子。如何发展?怎样保护?成为摆在江西甚至是全国面前的一道亟待攻破的难题。

[①] 2016年5月30日,根据《国务院关于同意江西省调整九江市部分行政区划的批复》,江西省调整九江市部分行政区划,撤销星子县,设立县级市庐山市。

"我们的发展决不能走先破坏再修复的老路。"刘兵说，东部沿海地区的发展模式并不能照搬与复制，根据自然生态系统的不同特征和经济地域的内在联系，江西按照功能将鄱阳湖生态经济区规划成"两区一带"，即湖体核心保护区、高效集约发展区和滨湖控制开发带，希望能够做到"既要金山银山，更要绿水青山"。

4月底，在鄱阳湖畔的共青城市甘露镇岭背熊家村，记者视线所及之处都是郁郁葱葱的绿树，让人心旷神怡。错落有致的民居掩映其中，宁静而闲适。村理事长熊德和用"环境优美、民风淳朴"来形容自己的村庄，骄傲之情溢于言表。熊德和告诉记者，为了保护生态环境，仅有68户、人口283人的村落进行全省首家村级太阳能污水处理设施的建设，实现村民生活污水达标排放，并成为远近闻名的生态示范村。这个普通的村庄正是鄱阳湖生态经济区甚至是江西全省在保护与发展中寻求平衡的一个直观剖面与缩影。

2014年11月，国家发改委、财政部、国土资源部、水利部、农业部、国家林业局正式批复《江西省生态文明先行示范区建设实施方案》，江西成为我国首批全境列入生态文明先行示范区建设的省份之一，标志着江西建设生态文明先行示范区上升为国家战略，而以鄱阳湖生态经济区为龙头，将带动全省开展生态文明先行示范区建设，在保护中发展，在发展中保护，这一理念将付诸实施中。

经济可以为绿色，但绿色如何转化成经济

身处景德镇市瑶里古镇的手工制瓷作坊，时光仿佛倒流百年，巨大的石锤在河边敲打着瓷土矿，屋里摆着一块块码放整齐的釉果。千年窑火铸就了"白如玉、明如镜、薄如纸、声如磬"的景德镇瓷器，可是，千百年来粗放式的生产方式和对瓷土资源的过度开发，造成这里优质瓷土的枯竭。景德镇市发改委转型办主任张钧说："以前，在瓷厂工作一天，人们的白衣领都变成了黑衣领。"

现在，通过燃料改造、窑炉改造，制瓷以电、天然气为主，节能减排效果大幅度提升。2009年，景德镇被国家确定为资源枯竭型城市经济转型试点。虽然时代在变化、脚步在前进，但是，景德镇人对陶瓷的热爱没有随着时间的流逝而褪去色彩，相反，他们更加珍惜自然资源，明白人与自然的鱼水关系，对其爱护有加。

景德镇的蜕变无疑是高效集约发展区内一个成功的范本。此外，南昌高新区还被打造成风光旖旎的城市花园。高新区经济发展局科员刘音书说："近年来，高新

区大力发展绿色高新企业，始终秉承'没有一根烟囱，没有一个燃煤锅炉'的环保理念，从审批这关开始就杜绝高能耗、高污染的企业，为生态环境的保护打下了良好的基础。"

在铜城鹰潭，铜产业的快速发展曾带来严重的资源、能源和环境问题，而如今"中国再生资源循环利用基地""国家新型工业化产业示范基地"等称号正在成为其新的名片。

在新余，在加快推进新型工业化和新型城镇化的同时，这里先后推动了"蓝天行动""碧水计划""绿荫行动"，实施水环境综合整治等一系列生态建设项目，重视生态农业发展。

相比之下，湖体核心保护区和滨湖控制开发带在保护住生态红线的同时，如何大力提升当地经济水平依旧是一块难啃的骨头。在星子县，曾经靠山吃山、靠水吃水的现象虽然已逐步成为历史，但是当地仍然需要经济的大力刺激。据星子县副县长吴伟清介绍，为了保证生态，星子县多年来没有引进任何一家可能造成污染的企业，同时，还肩负着部分庐山的森林防火压力以及当地对于血吸虫的治理与阻断。"这些工作不能产生一分钱的经济效益，当地财政压力很大。"原县发改委副主任陈维林希望，国家和省级政府能够在补偿机制和政策上给与星子县类似情况的地区进一步的倾斜与扶持，以推进这些生态保护区的经济发展。有专家曾表示，良好的生态资源是整个国家甚至是全世界的珍贵财富，不能由相对落后的地区独自承担，国家应在财政上有所帮助与体现；而当地也要自主开发相应的生态、旅游等相关产业，发展绿色经济，提升经济实力。

如何能够真正让当地老百姓享受到与其他地区一样的发展成果，星子县正寄希望于高起点、原生态开发鄱阳湖生态旅游，如引进投资1亿元的流星山旅游度假项目、5亿元的鄱阳湖沙山旅游开发项目和10亿元的鄱阳湖旅游综合开发项目。吴伟清坦言道："我们要保护自然，也要实实在在地提升老百姓的生活水平。"因为只有提高了老百姓的生活水平，他们才不会偷偷违反规定，再度围湖打鱼，破坏生态。而这里的人们也在期待着能与自然和谐相处，永续发展。

青山绿水养育了风光无限的鄱阳湖，鄱阳湖又以其博大的胸怀接纳并保护着这些"绿色财富"。人与绿色和谐共生在这片土地上，见证着一山一水的发展与荣耀。

龙虎山大打绿色生态牌

坐在竹筏上，在两岸青山间随波行进，看翠柏挺立、碧水荡漾，听艄公谈笑风生。在江西省鹰潭市龙虎山，处处传颂着绿色发展的故事——在人与大自然和谐相处过程中，大自然又给予了人类绿色崛起的机会与希望。

龙虎山风景区管委会主任毛建华介绍，龙虎山生态环境优美，旅游资源丰富。在龙虎山景区内的泸溪河边，已经连续多年发现来这里越冬栖息的中华秋沙鸭群落。中华秋沙鸭被称为鸟类中的"大熊猫"，是国家一级保护动物，被《世界自然保护联盟濒危物种红色名录》列入世界濒危野生动物。同时，国家一级重点保护野生植物——莼菜也在这里被发现。毛建华表示："在这里发现大面积的野生莼菜实属罕见，因为它对水质和土壤的要求是非常严格的。"据记者了解，龙虎山上还建有国家级生态文明教育基地，里面种植有乡土树种罗汉松、银杏、女贞、碧桃等200多种，各类滨水植物水杉、鸢尾、风车草等20余种。

毛建华坦言，奇绝秀美的山水以及丰富的生态资源是龙虎山旅游的主要卖点和名片。对于这份大自然宝贵的馈赠不能挥霍，因此，"当地在发展旅游业时格外小心和谨慎，始终坚持在保护的前提下进行开发，并制订了严格的生态环境保护目标，建立起'严格保护、统一管理、合理开发、永续利用'的可持续发展体系"。

例如，为打造自然渔业景观，当地每年定期在泸溪河进行人工增殖放流；以政府补贴村民经济作物的办法，鼓励在景区新旅游线沿线打造"两金一银"（油菜花、金菊花和白荷花）景观农业带；投入大量人力、物力对泸溪河沿岸综合治理，加固堤岸，保护植被，大幅度提高绿化面积；让上清林场500多名农民放下斧头，从砍树人变成种树人。

如今，连在碧水上撑着木筏的艄公，都和旅客说起生态保护的好处。"我们是真正的受益者，我们的好环境是你们这些城里人平时没办法享受到的哟。"50多岁的艄公笑着对来自北京的记者们打趣。

龙虎山大打绿色发展牌是鹰潭市践行"既要金山银山，更要绿水青山"理念的一个鲜明的缩影。据鹰潭市政府副秘书长汪荣中介绍，鹰潭因铜设市，因铜兴市，是一座典型的重化工业城市。铜产业的快速发展带来了严重的资源、能源和环境问

2015年

题。为了能在生态保护与经济发展之间取得平衡,鹰潭市提出工业绿色转型的理念和做法,并取得了成效,先后被授予"中国再生资源循环利用基地""国家新型工业化产业示范基地"称号,同时环境持续保持优良,2015年第一季度空气质量优良天数比例为81.1%。

绿水青山,美不胜收的龙虎山景色
魏瑞龙/摄影

星子：桃源故里的绿色故事

这里曾有传说，星星坠落在鄱阳湖心，形成落星墩，慢慢发展成如今的星子县。千百年来，作为庐山和鄱阳湖相恋的地方，美丽的星子在悠久的历史中，遍地都能讲出动人的故事，这里曾是陶渊明创作《桃花源记》的地方。明山秀水使其在全国占据了重要的生态区位优势，在群山怀抱中眺望瀑布之美，在落英缤纷中寻觅生态保护与发展的故事。

星子县总面积为894千米^2，鄱阳湖岸线长118千米，鄱阳湖星子水域面积有373千米^2。作为鄱阳湖生态经济区建设的重要组成部分，星子县坚持生态保护与保护性开发，不引进有污染的工业，大力推行旅游业和对新能源的应用。"为了子孙后代，我们必须做到人与自然的和谐相处。"吴伟清坦言，如今这片宁静而美好的湖边风光正是星子县代代坚持生态保护的结果。

记者正在采访星子县副县长吴伟清
庄白羽 / 摄影

记者发现，当地在进行生态保护的过程中，缺少不了气象的身影。星子县气象局就坐落在鄱阳湖边，气象观测站像个忠诚的哨兵守护着青山绿水。该局局长郭西平告诉记者，星子县处于亚热带湿润季风气候区，全年四季分明、雨量充沛、光照充足，其光、热、水资源位居江西省最优区域，境内山、湖和丘陵岗地交错分布，生态系统十分齐全，依托名山、名水形成独特的生态旅游资源。同时，生态文明建设离不开气象保障服务，气象工作是地球生态系统的重要一员，是建设生态文明的先行者。近年来，为做好这项工作，气象部门建立健全环境气象保障服务机制，开展$PM_{2.5}$、O_3、SO_2、CO等质量浓度以及酸雨等环境气象监测预报预警决策服务，并为当地合理开发利用气候资源进行科学评估与论证。

在星子县，虽然老百姓靠山吃山、靠水吃水的现象已成为历史，但吴伟清坦言，如何更好地在生态保护过程中合理发展经济，仍然是十分严峻的挑战。"目前大部分森林、湿地、湖泊等保护性的工作还是单纯依靠当地的财政收入，压力很大。"吴伟清希望，国家或者江西省能够在生态补偿机制方面给予更多的政策与资金的支持。同时，交通基础设施的落后也制约着这里经济的发展。

"我们要保护自然，也要实实在在地提升老百姓的生活水平。"据吴伟清介绍，在现有的情况下，坚持高起点、原生态开发鄱阳湖生态旅游是一个很好的选择。

在这里，美丽的风景中折射出当地鱼米之乡的质朴与纯真，远离城市的喧嚣，在淡淡的鱼腥味中，采访团队尽享大自然的沉静与安宁。

守住最美仙女湖

仙女湖坐落在江西省新余市，湖内岛屿星罗棋布，是闻名遐迩的湖泊型国家重点风景名胜区。"仙女湖是新余人民的母亲湖，是鄱阳湖生态经济区的组成部分和重要屏障。"新余市委常委、副市长陈威说。自古以来，在这片古老而神奇的青山绿水中，仙女湖凭借它的丰富物产、绿水青山而勃发生机。干宝《搜神记》中关于"毛衣女"下凡新余的传说，成为家喻户晓、妇孺皆知的神话传说，而这美丽奇幻的神话，也是黄梅戏电影《天仙配》故事的原始形态。

新余市高度重视生态农业发展，开展仙女湖网箱养鱼取缔、生猪养殖业生态化改造、大型沼气集中供气工程项目，在此基础上发展猪—沼—果、猪—沼—菜等生态循环农业，扩大品牌农业规模，发展生态休闲农业。

"快速发展的网箱养鱼会对水质产生一定影响，为了保护仙女湖一湖清水，市委、市政府在2012年取缔了仙女湖网箱养鱼，依托仙女湖优越的生态资源和丰富的渔业资源，在全省率先实现'碳汇养鱼'技术。"陈威告诉记者。碳汇养鱼就是选择以鲢鱼、鳙鱼等滤食性鱼类进行人工放养，利用生物食物链原理，消耗水中的富营养化物质，从而进一步净化调节水质。而优质的水资源也可反哺鱼类，让鱼的肉质更鲜美，市场价值更高。"目前，新余通过碳汇养鱼，辐射带动5000多人就业，每年可净化二氧化碳1740吨，相当于新增3000亩造林面积。"陈威自豪地说。

新余市气象局副局长袁晋琰告诉记者，生态农业的发展离不开气象保障服务，仙女湖生态环境较为复杂，气象部门建立自动气象站，常年对其进行湿度、温度等监测，制作旅游气象指数提供给来此旅游的游客，在仙女湖枯水期进行人工增雨保证其蓄水量。

为打造青山绿水、空气清新、清洁舒适的人居环境，新余大力实施节能减排、清洁空气等工程，建设城市污水垃圾集中处理设施，并不遗余力地开展养猪污染治理生态化改造工作，不断加大禽畜养殖业污染整治力度，强力推动光伏发电产业发展。

目前，新余生态创建工作取得明显突破，新能源应用效果凸显。通过一系列举措和努力，新余市获得国家新能源示范城市、节能减排财政政策综合示范城市、全国卫生城市、国家森林城市、全国水生态文明建设试点市等一系列殊荣和称号。

　　"未来,我们将着力构建绿色产业体系,深入推进生态环境治理,全面落实全省生态文明先行示范区建设要求,着力构建节约资源和保护环境的空间格局、产业结构和生产生活方式,将新余建设得更好、更宜居。"陈威说。

　　泛舟仙女湖上,可以感受到人与自然的和谐统一。在这万顷碧涛的仙女湖,既可观赏水天相接、渔帆点点的汪洋平湖,又可领略山水缠绵相依、曲径通幽的青山绿岛,还可轻舟漫游在蜿蜒曲折、船动景移的水中世界。

　　仙女下凡新余,以她的大爱滋养这片绿土,相信在未来,仙女湖的水会更绿,天会更蓝。

仙女湖一角
庄白羽/摄影

第二站：贵州
"穷山恶水"到"丰山秀水"的华丽转身

以前的贵州毕节，一个字，穷，它曾是贵州省最贫困落后的地区之一。而今，毕节的综合实力已经位列贵州省第三名，人民的生活水平也得到了大幅改善。尽管扶贫攻坚还有很长的路要走，但毕节从"穷山恶水"到"丰山秀水"的华丽转身令人惊叹。

毕节处在贵州乌蒙山腹地，也是乌江、北盘江、赤水河的发源地。在试验区建立之前，这里山路艰险，交通闭塞。由此导致粮食调运很是困难，但人口越来越多，没有饭吃，怎么办？很多人选择上山开垦，向地要粮。于是，水土流失，生态恶化，"穷山恶水"的恶性循环不断发生。

1988年6月，国务院批准建立"毕节开发扶贫、生态建设试验区"。随后，中央统战部、各民主党派、全国工商联、试验区专家顾问组和有关方面为试验区的改革发展谋大计、献良策，帮助制订发展规划，促成了铁路、公路、电厂、机场等一大批重大项目建设。他们成为助推试验区科学发展不可或缺的重要力量。

在27年的试验区建设发展中，毕节市委、市政府也逐渐认识到，发展，要切实从生态抓起。"一些发达的城市，先污染后治理，也给了我们警示，所以我们不能走别人走过的老路，在别人吃过亏的地方，我们不能再吃亏。"毕节市副市长吴国强说。

在退耕还林、石漠化治理等一系列措施的推动下，毕节的生态环境不断好转，而与此同时，经济活力也在增加。在众多得到开发的生态资源中，气候资源的有效利用颇具特色。

毕节市威宁县以前是有名的贫困县，现在是众所周知的阳光城。2008年，中国气象学会经过对威宁50年气象要素的考评，发现这里年平均日照时数达1812小时，因此，授予威宁"阳光城"美誉。

"阳光城"的名片给威宁带来了很多机遇。据威宁县副县长黄远红介绍，外地游客纷纷涌进威宁观光、避暑、越冬；贵州省首个光伏发电项目平菁光伏电站落户威宁；充足的光照还使蔬菜产业得到了发展，变成了周边地区的"菜篮子"……

更可喜的是,良好的生态和发展的经济为这块秀丽的山川留住了人。

在威宁草海自然保护区撑船的姜鹏2015年刚刚20岁。他家住在草海边,从小就和小伙伴在草海里游泳、玩耍。家里一个弟弟、两个妹妹正在上学,作为大哥,他身上的担子不轻。"念书念不动,也想过去外地打工,但现在这儿收入还不错,就不想出去了。"姜鹏说。

撑船的活儿很抢手,游客多的时候,他一天能赚三四百,不忙的时候,他就去开挖掘机。2008年,他家里的地都被征收了,因为都是山地,要进行石漠化治理。对此,姜鹏看得很开:"一年到头,那点地产不了多少粮,靠它,永远吃不饱。现在,山绿了,游客来了,我们才能真正富起来。"

美丽的草海
张格苗 / 摄影

而生态资源如何合理利用既能帮助人民致富，又能实现可持续发展，是当地气象部门正在思考的问题。为此，毕节市气象局针对当地的气候和地理条件，提出了有针对性的建议，并不断完善气象观测站网的布局，比如毕节雨水充足，但地形地貌不利于蓄水保水，干旱时有发生，在草海自然保护区建设小气候观测站等等。

从"穷山恶水"到"丰山秀水"的华丽转身，是毕节经济发展与生态建设相互磨合、最终实现和谐发展的根本转变。

草海边上的小气候观测站
张格苗/摄影

2015年

都匀毛尖，百年世博名茶的生态布局

即使不到贵州黔南，都匀毛尖也是有关茶的一个重要话题。1915年，在巴拿马太平洋万国食品博览会上，它与贵州茅台同摘金奖，享誉海内外。1982年全国首届名茶评比会上，被评为中国十大名茶。2014年全国两会期间，习近平总书记在参加贵州代表团审议时两次点赞了都匀毛尖茶，做出了"关于都匀毛尖茶，希望你们把品牌打出去"的重要指示。在都匀毛尖的核心种植区——黔南州都匀市毛尖镇，茶叶的生长环境与种植情况清晰而真切，百年世博名茶正在进行着一场完整的生态布局。

高山云雾孕育"绿茶皇后"

茶，多以产地命名，如西湖龙井、黄山毛峰等，地理标识也许正说明了茶树生长

黔南州都匀市毛尖镇高寨水库边的一处茶园
苏玉君 / 摄影

独一无二的地理环境与气候特征。贵州是我国重要的茶叶产区，都匀毛尖不仅包含苗岭中段都匀市所产的绿茶，也包括了今天整个黔南所产的绿茶。都匀毛尖又名"白毛尖""细毛尖""鱼钩茶"，外形紧细卷曲，白毫显露，状如鱼钩。黔南州茶叶协会秘书长陈跃华告诉记者，以前，毛尖茶一直被叫作"鱼钩茶"，据史料记载，唐贞观九年（635年）都匀毛尖就通过茶马古道送到都城，并成为自唐以来的皇室贡茶。

黔南州山峦叠嶂、植被丰富，生态环境优良，茶叶成为这片好山好水好气候的重要标识。记者随陈跃华等人来到毛尖镇高寨水库一带，顺着螺丝壳山蜿蜒起伏、盘旋而上的山路而行，可以看到如行云流水般层层叠叠生长在高山云雾间的茶树。这缕千年前就在山间缭绕的清香、百年前就誉满中外的"绿茶皇后"就出自这里。

陈跃华介绍说，这里位于北纬27度一带的山地，气候温和，降水充分均匀，海拔高度1400米，常年云雾缭绕，太阳直射较少。正是这种低纬度、高海拔、多云雾、寡日照的自然环境和气候优势造就了都匀毛尖的独特品质，正所谓高山云雾出好茶。来自国家茶叶质量监督部门的检测报告显示，都匀毛尖茶的茶多酚、氨基酸、水浸出物等含量平均比普通绿茶高出3%～5%。

黔南州茶叶协会秘书长陈跃华在现场接受记者采访
刘琳/摄影

中国气象局公共气象服务中心总工程师朱定真在现场接受记者采访
刘琳/摄影

  一起来到茶园的中国气象局公共气象服务中心总工程师朱定真告诉记者，气候因素对茶的影响是至关重要的，基本上贯穿了茶叶的整个生命周期。除了茶叶的生长期外，茶叶的炒制、保存，甚至品尝等过程也会受到气温、湿度等气象因素的影响。

  朱定真说，茶是野外生长的植物，它和天气气候因素直接相关。为什么一些地方生产的茶品质会高，首先就是这个地方的气候条件适合茶叶生长，有利于营养、香味的积累。影响茶叶的气象要素包括光照、气温、湿度等。在光照方面，茶叶生长需要光，但是不能直接接收强辐射照射，需要的是一些散射光，再有就是气温和湿度。即便是同一座山，这些气象条件并不是处处都能满足的，一些地方的局地小气候往往可以造成一些特别适合的条件。比如说我们眼前的这块地，比起附近山坡应该是最有利于生产高品质茶叶的气候条件范围。首先，贵州雨量充沛、雨热同季，且这里海拔高度1400米以上，山地立体气候明显。这里每年云雾天气超过200天，散射光时数占到全年的40%左右。具体到这块地，它边上更有高寨水库这样一个大的水体调节，产生的雾气相对比较多，而朝向又是迎风面，漂来的云或雾还能起到恒温作用，维持了适合茶叶生长的温度条件。这种微气候环境可以推断出这里是生长出高品质茶的地块。

光照是茶树生存的首要条件，但不能太强也不能太弱。古人著的《大观茶论》中曾经说道："植产之地，崖必阳，圃必阴。"也就是茶树需要阳光照射，又必须有所遮蔽，即喜光耐阴，适于在散射光下生长发育。

朱定真还讲到，除了生长期的气象因素影响，在茶叶采摘、炒制等环节和过程中，有经验的茶农还会关注天气变化对茶叶加工的影响。如果周围温度、湿度发生变化，那么茶农就要掌握不同的火候，而所谓火候实际上就是依据气温和湿度的影响控制时间和速度，保证茶叶中水分保持在6%左右的状态。此外，保存茶叶的时候依然要把气象要素考虑进去。0~5 ℃的低温环境可以保持茶叶的水分含量不偏高或偏低。湿度过大或者温度升高时，茶叶容易霉变或氧化。

千年名茶再造黔南生态文化名片

一千多年前，茶圣陆羽曾对贵州所产茶叶做过这样的评价："往往得之，其味极佳。"茶，不仅是一种饮品，更是一种文化。都匀毛尖，生于云雾山，长在布依家，将日月光华、山川神韵以及民族文化的长歌短谣，浓缩为一枚细细小小的叶芽。今天，它已经成为黔南重要的生态文化品牌。

黔南州峡谷溪流众多、林木苍郁，冬无严寒、夏无酷暑、雨热同季，以及"一山有四季、山里不同天"的气候资源优势，不仅成为都匀毛尖的重要产地，也让都匀毛尖成为当地生态旅游发展的一张名片。

"细细毛尖挂金钩，都匀毛尖传九州，世人只知毛尖好，毛尖虽好茶农愁。"这首布依族世代相传的民谣曾道出因交通滞后而使影响茶叶销售的无奈。随着高铁、空港等开通，交通裂变式发展，黔南州已成为地处大岭南和大西南两大地理单元的重要节点，"养在深闺"的都匀毛尖正携裹着千年的清香与淳朴，搭乘时代的"动车"走出深山，走出黔南。黔南州政府依托当地的资源优势和特色产业优势，大力发展以茶叶、刺梨等绿色山地高效农业，不断推进农旅结合、茶旅结合，大力发展乡村旅游、休闲观光等产业，让更多的人走进黔南，了解都匀毛尖。茶产业作为黔南州的传统产业、优势产业，正在集生态、经济、休闲、旅游、文化等传承功能为一体，被给予关注和支持发展，都匀毛尖再次被注入新的生机与活力。

由于清明等采茶的重要时节已经过去，也因为刚刚下过雨，茶园里采茶的人并不多。记者询问一位挎着竹篓采茶的妇女一天可以采多少时，她回答可采一两斤，每斤的收购价大约是60元。细细的叶芽静静地躺在竹篓里，每枚大约不超过2厘米，陈跃华告诉记者，炒制1斤高级毛尖茶约需6万个芽头。现在当地的种植经营模式就是以企业带动合作社，以合作社带动茶农，政府通过免费提供茶苗，加大土地开垦补助等措施，大力扶植茶产业发展。下一步还会通过龙头企业带动、逐步市场细分等措施，让农民与合作社负责管护好茶叶种植，加工企业做好加工，渠道企业负责营销，实现社会化合理分工，抱团发展。

都匀毛尖，百年世博名茶，钟灵毓秀、云雾缭绕的黔南山地孕育的"绿茶皇后"，就这样以合理的生态布局，附丽于文化，再次飘然来到世人面前，并将走向更远的未来。

黔南州都匀市毛尖镇高寨水库边的茶园里，一些妇女正在采茶
苏玉君/摄影

贵州：以生态底色绘就发展蓝图

"走遍大地神州，醉美多彩贵州"，这是贵州省亮出的一张新名片。

然而，美丽的贵州同时也是经济欠发达地区，并且高度依赖能源矿产等传统产业。在经济发展新常态下，既要"赶"、又要"转"，还要处理好经济发展与生态保护之间的关系，贵州便把发展的目光放在了绿水青山上。

良好的生态环境、丰富的自然资源和独特的气候条件恰恰是贵州经济社会发展的独到优势。贵州省委宣传部副部长谢念表示，只有牢牢守住发展和生态两条底线，努力推动人与自然和谐发展，才能把"绿水青山"变成"金山银山"。

资源过度开采"急刹车"之后，出路在哪儿

以前，在贵州，人们也觉得这些山是"金山银山"，因为地下埋藏着丰富的矿产资源。根据贵州省矿产资源统计情况，全省矿产资源矿种丰富、数量众多，除了砂石矿以外，这里最多的矿山就是煤矿了，因此也被称为"西南煤海"，还曾因为

贵州荔波小七孔景区的美景
庄白羽 / 摄影

2015年

煤矿资源的开发利用而诞生了一个新的城市——"煤都"六盘水。

同时,这里也是世界连片喀斯特面积最大的中国西部喀斯特山区之中心,生态环境十分脆弱。不合理的矿山开采活动引发了矿山地质灾害,破坏地下含水层、地形地貌,而采矿排放的废水、废液等也严重影响了环境。

刺鼻的空气和腐蚀性强的酸雨,这是当地人前些年的记忆。因煤矿而发展起来的钢厂、电厂排放的废气和废水严重污染了空气和河流。在贵阳土生土长的老人康贵强回忆,以前经过黔灵湖时,水的臭味扑鼻而来,湖里的水人连看都不想看。

同样的情况还发生在红色城市遵义。2006年,遵义市酸雨频率高达50.9%,是贵州省酸雨最严重的两个城市之一。曾经深受其苦的遵义市环保局副局长白天人后来成了该市创建国家环保模范城市的坚定支持者。

根据当地的气候条件,贵阳和遵义等城市都把重污染厂矿企业搬离了城区,并通过改善工业布局,采取废气、废水、废渣治理等一系列举措及时扭转了环境恶化的势头。如今的黔灵湖,不仅生活着种群众多的鱼类,也是游客划船游玩的好去处。遵义也于2015年1月成为贵州省首个国家环保模范城市。

"煤都"六盘水的"形象"则得到了彻底改变。一直以来,煤炭都是六盘水的优势资源,目前已经形成了1.2亿吨的开发能力,开发量基本稳定在1亿吨左右。继续扩大规模,必然造成环境恶化;维持在当前的开发规模,则对经济增量没有贡献。"我们的做法是,总量控制,延长产业链,提高工业附加值、贡献力及核心竞争力。"六盘水市副市长付昭祥说。此外,淘汰落后产能、推进工业技术改造等措施,也减少了相关企业的污染排放。

另一方面,六盘水也在寻找其他相对清洁的资源,以减少对煤炭的依赖。2005年,中国气象学会经过评审,发现六盘水夏季月平均气温仅为19.7 ℃,是消夏避暑的天堂,因此,授予其"中国凉都"的称号,这也成为全国首个以气候资源打造的都市品牌。10年过去了,每到炎炎夏日,这里的消夏文化节总能吸引夏季国际马拉松赛、国际滑翔伞赛等诸多体育赛事。

在毕节,百里杜鹃景区则成为"吸金"的重要旅游资源。杜鹃花带给当地的旅游收入已经超过煤炭开采,使附近居民受益,很多人还自发成为"护花使者",非法开采的乱象也得到了遏制。

不再仅仅依赖矿产资源消耗的贵州,找到了一条又一条能够可持续发展的新路子。

不糟蹋原始风貌，"穷生态"怎么富起来

贵州的多彩和美丽，离不开这里的山水、动植物，也离不开苗族、布依族等少数民族。

在祖祖辈辈相对封闭的生活环境中，他们与环境相融合，从而传承着许多在现代人看来生态保护意识极强的观念。

黔东南苗族侗族自治州从江县银潭村是一个偏远的侗家村寨。在这里，树龄百年以上的红豆杉近200棵，形成了壮观的古红豆杉群，也被人称为红豆杉的故乡。红豆杉生长缓慢，木质密实，不易点燃，沉重的质地也不便搭建房屋，作为国家保护树种，还不能买卖，但这里的村民就是爱护它。该村支书张祖辉还开始培养种植这一树种。他说："就是想让村前寨后和山间都种满红豆杉。"

在中国最后的枪手部落——岜沙部落，"树葬"的方式则令人称奇。小孩子出生时，父母会为他种下一片树林，伴随孩子一起成长，并在其中选一棵长得最好的作为孩子的生命树。在他离开人世时，这棵树就会被砍下作棺木。而在某个人下葬的地方，村民会再种下一棵树，以此作为生命另一种形式的延续。

无论以何种方式爱护自然、敬畏自然，在生态文明建设意识日渐强烈、生活水平日渐提高的今天，美好的生态都以另一种方式滋养、回馈了当地人。侗家风情的银潭村、苗族传统文化活化石的岜沙部落，都发展成风格独特的旅游景区，村民富起来了，当地的文化也为更多人所知。

在国家第一个自然保护区梵净山，在41900公顷的原始森林里繁育着6000余种野生动植物，藏酋猴、云豹、苏门羚、黑熊，还有被誉为"地球的独生子"的黔金丝猴。由于完好保存了森林植被及上亿年来的自然生态平衡，这里也成为人们研究古生物、古气候及气候变化的重要对象。

如何更好地保护这份"自然标本"？当地的做法是移民。从2012年开始，梵净山保护区所在地铜仁市便对生活在附近的2767户居民实施整体搬迁，并将他们集中安置在保护区外经济社会发展环境较好的地带。3年来，依托休闲旅游产业，移民不但改善了生活条件，也有了致富的手段。

与梵净山相似的，还有黄果树瀑布景区。为了最大限度地去商业化、增加游客的舒适度、降低对环境的破坏，安顺市政府经过几年努力，完成了黄果树半边街

940余户人家搬迁及生态修复工程，极大地改善了周边景区的环境。在景区入口，一栋栋新楼崛起，配有为旅游业提供服务的店铺，搬迁出来的人就安家在这里。

事实上，在贵州，农村贫困人口中有很大一部分生活在深山区、石山区和石漠化严重地区。"这是贵州扶贫攻坚的重中之重，也是贵州与全国同步小康的最大短板。"贵州省发改委副主任、扶贫生态移民办公室主任付贵林此前接受媒体采访时表示："要从根本上解决'大山里的贫困'，必须'跳出深山找出路'。"根据计划，2015年，贵州全省生态移民人数将达到15万。

"作为经济欠发达地区，发展是一个不可回避的问题。改善民生、百姓脱贫致富也是生态文明建设的出发点和落脚点。"黔南布依族苗族自治州副州长陈有德表示，当地也面临着扶贫生态移民的攻坚难题。陈有德认为，让老百姓搬迁，就要有就业岗位保障，留住他们。比如，在搬迁转移出的土地上，可以鼓励农民种植茶叶及经济林果，既有了绿水青山，又收获了金山银山。

以前，"一方水土养活不了一方人"，所以只能越穷越垦，导致林毁山荒。而今，在贵州很多地方，发展经济林果业、建设现代农业园区已经成为增加植被覆盖率、致富赚钱的不二选择。

中国气象局公共气象服务中心总工程师朱定真表示，在考虑生态发展的时候，特别是做农业区划时，要看什么植物或经济作物能够适应当地气候条件。这些作物值得推广的话，当地也就找到了一条致富的渠道。

新能源、新技术助力生态建设，未来在眼前

从生态文明建设到经济可持续发展，新能源、新技术的"身影"正日渐清晰。

"不到韭菜坪，枉看贵州山。"登上海拔高度为2900米的贵州最高峰赫章县珠市彝族乡韭菜坪，放眼望去，乌蒙磅礴的气势尽收眼底。在这里随风转动的54架巨型风车也格外引人注目。

由于贵州山多，风力资源较为分散，风电场的规模一般都在10万千瓦左右。尽管如此，韭菜坪风电场发的电已经通过线路接入了当地电网珠市变电站。这意味着当地居民已经用上了这里发的电。

华能新能源贵州分公司副总经理王栋及同事此前对风电场的生态效益进行了评

估。他说，韭菜坪风电场年上网电量达1.9亿度，相当于节约标煤5.6万吨，减排二氧化碳约14.4万吨，减排二氧化硫470多吨，氮氧化物410多吨，还减少了大量灰、渣、烟尘、废水排放。此外，随着风场内道路改善，"风机、草原、高山、牛羊"的独特景观，也吸引了大批游客来到这里。

不仅如此，贵州还在探索发展太阳能光伏发电。在素以"天无三日晴"闻名的地方，这可行吗？盘县岩脚村村民许宝英以前也觉得难以置信。可刚不到一年，她和邻居就感受到了太阳能发电的好处。

2014年底，经贵州省气候中心和六盘水市气象局专家的评估，盘县属于太阳能资源富集区，年平均太阳总辐射为每平方米4000～4450兆焦，非常适合发展太阳能光伏电站。于是，2015年，该村老鸭塘组77栋民房102户人家的屋顶安装上了太阳能板。远远看去，蓝色的太阳能光伏电板与红色的房屋交相辉映。

现在，除了省下拉煤的费用和辛劳，许宝英家每天还能省下3度电并入电网，从而得到相应的收入，而且家里干净了，不像烧煤时全是煤灰。作为试点，该村的经验将逐步在盘县全面推广。

借助气候优势，大数据、云计算等时下最前沿的信息科技也瞄准了"爽爽的贵阳"。

与其他地区相比，贵阳气候凉爽，清新的空气经过稍微过滤就可以直接进入机房，夏天几乎不用开空调，非常适合大数据存储的恒温要求。贵阳市发改委总经济师周文捷说，除了气候特点，贵阳的地质构造稳定，地震、台风等灾害罕见，信息网络设备的安全系数很高，对大数据企业有很强的吸引力。

在中国电信、移动、联通三大运营商数据中心落户贵阳市贵安新区之后，数十家银行、保险等金融机构也将数据中心搬到贵阳，使贵阳及周边区域成为国内乃至全球最大的数据聚集地之一。从现在全国的数据中心布局看，贵阳是长江以南重要的大数据节点城市，而且是南方数据灾备中心。

"其实这也是一种特殊的气象资源，同时也是生态环境资源。"中国气象局副局长许小峰表示，"除了太阳能、风能这些大家耳熟能详的气象资源，特殊的天气条件也可以成为一种资源，若有效利用将成为经济发展的独特优势。"作为生态文明建设发展的前沿阵地，贵州正在借此汲取更多可持续发展的智慧。

遵义：红色之都里发现绿

提起贵州省遵义市，人们首先想到的是红色。在中国工农红军长征的史诗上，强渡乌江、遵义会议、四渡赤水、娄山关大捷、兵逼贵阳等都发生在这里。事实上，除了红色文化气息浓厚，它还是一座绿色的城市，目力所及，总有青山绿水环绕，美不胜收。

2015年1月9日，遵义成为贵州省首个国家环保模范城市。称号背后，是人们对该市生态文明建设的认可。谁能想象，这里曾是有名的酸雨城。2006年，遵义市酸雨频率高达50.9%，是贵州省酸雨最严重的两个城市之一。从酸雨城到环保模范市，这一大步的跨越，遵义市花了整整8年。

曾经在遵义洛江河畔，电厂、钢绳厂等高耸的烟囱，在为经济社会发展做出巨大贡献的同时，也对生态环境带来了破坏。空气中弥漫着5万多吨二氧化硫及其他

遵义会议会址一角
张格苗/摄影

绿色赤水河四洞沟风光
张格苗/摄影

污染气体令遵义市民苦不堪言。遵义市环保局副局长白天人回忆道，人们经过那里时，都是掩口鼻匆匆而过。2007年，当时的遵义市委、市政府决心改变这种状况，在贵州省率先提出创建国家环保模范城市，转变经济发展方式，实现科学发展、绿色发展。

当地气象部门积极主动配合。有关专家根据1991—2006年的遵义酸雨观测资料和环保资料研究指出，遵义酸雨产生的最主要原因是大量直接燃烧特高硫煤排放出污染气体，而当地地形闭塞，气象条件也不利于污染物传输扩散，燃煤污染源的布局也不合理。

随后,遵义开始稳步推进南部企业异地技改搬迁,将中心城区南部的一大批大众型工业企业搬了出去,并开始大范围推广煤改气。"以前烧煤,现在燃气。大厂矿企业也全部烧天然气,居民区划定了无煤区。"白天人说。让他自豪的是,现在中心城区燃气使用率已经达到了60%以上。

2009年,仅仅用了两年,遵义就摘掉了"酸雨城"的帽子,但却并未止步于此。8年间,遵义调整产业结构,加快经济转型,以园区建设推进大工业、大项目建设,加大落后产能和工业淘汰力度,共拆除落后生产线184条,设计落后企业119家。此外,223项环保基础设施得以建设,污水处理和垃圾处理工程遍及城区及所辖县、乡、村。

如今的遵义,天蓝、地绿、水清、气净。通过生态文明建设,当地群众不但享受到了美丽家园,这份美丽还为这个城市的经济发展增添了活力。

"以红为主、以红带绿、红绿并重"是遵义的旅游发展战略。在红色旅游发展10年后,遵义与延安等革命圣地相比,特色恰恰在于将浓厚的红色历史文化融入良好的生态环境中。"如果还是酸雨城市,红色旅游的发展也会受到制约。"白天人说。

该市旅游发展委员会副主任梁卓对这一观点很是认同。他介绍说,大多数游客愿意在品味红色文化后,前往仁怀、习水去欣赏酒工业文化,再前往赤水去感受瀑布的魅力,在"天然氧吧"中来一次深呼吸之旅。如今,在重庆、湖南等距离遵义较近的地区,人们甚至把遵义当成了"后花园",在周末或假期来此休息放松。

与此同时,这些优越的生态气候资源和游客平安出行都离不开气象保障。遵义市气象局局长舒国勇介绍说,气象部门正在开展气候资源综合调查和区划编制工作,制定资源开发利用和保护规划,另一方面,与旅游部门紧密合作,针对重要景区景点开展气象服务工作。

8年间,遵义变美了,遵义人也增收致富了,这靠的不是某一个部门、某一个人的力量,而是所有部门、所有人共同的努力。

第三站：内蒙古赤峰
敖汉小米如何悉出自然

全球旱作之源，世界黍粟之乡，七八月的内蒙古自治区敖汉旗，已经在为小米丰收做准备了。齐腰高的谷子抽了穗，绿油油一片，随风摇曳。再淋上一两场雨，今年的丰收就不愁了。

敖汉小米质量上乘，独具特色。小米粒小，质地较硬，制成品有甜香味，素有"满园米相似，唯我香不同"的美誉。

成就敖汉小米的重要因素之一正是当地独特的气候条件。敖汉旗地处努鲁尔虎山北麓，科尔沁沙地南缘，属温带干旱大陆性季风气候，是典型的旱作雨养农业区。这个纬度，是世界公认的最适宜优质作物生长的黄金纬度。

敖汉旗气象局局长赵金华介绍，这里四季分明——冬季漫长而寒冷，春季回暖快，夏季酷热且降水集中且雨热同季，秋季气温骤降。全旗大部地区年均气温6.2～7.4 ℃，近30年的年均降水量为350～490毫米，年平均日照时数3000～3060小时。各种气候条件均满足谷子的最适生长需求。"较高的有效积温、适中的年降水量、丰富的日光照射、较大的气温日较差使这里成为北方谷子等杂粮种植比较理想的区域。"赵金华说。

敖汉小米
杨笑雯/摄影

此外，敖汉谷子绝大部分种植在山地或沙地，无污染的土质和空气使它们保持了天然特性。"四个字就可以概括敖汉小米：悉出自然。"敖汉旗农业技术服务中心总农艺师徐峰说，谷子是耐旱作物，在当地的气候条件下，不需要人工灌溉；对氮、磷需求较少，因此，施以农家肥即能满足生长需要。

绿色、无污染，以及独特的气候条件使得敖汉小米蛋白质含量、脂肪含量均比普通小米高；人体必需的8种氨基酸含量丰富且比例协调；维生素、矿物质元素的含量也较丰富。尤其是经过了绿色和有机认证的小米，在市场上可以卖到不错的价钱。

"每亩谷子产量在500~600斤，收入1500元左右。"敖汉惠隆杂粮种植农民专业合作社办公室主任、业务经理谷瑞安说，"一些农民种植谷子的年收入就在一万元左右。"

不过，悉出自然成为敖汉小米的招牌，也在一定程度上限制了当地人的经济收入。

内蒙古时常发生阶段性干旱，尤其在2000年以后，干旱频率明显增加。尽管杂粮是耐旱作物，但其关键生长期如果得不到雨水补充，产量将受很大影响。"别看现在杂粮长势很好，如果在灌浆期得不到雨水补充，可能功亏一篑。"徐峰说。2014年，敖汉就发生了严重的阶段性干旱，当地农户的收成仅有平时的一半。

寄希望于人工增雨不能完全解决问题。如果遇到极端干旱天气，连一次能形成降雨的天气系统都很难出现，无法进行人工增雨作业。"同时，引水是个大问题。"徐峰说，敖汉很多种植地在山区或沙地，其一是地下水资源本身就少，其二是地势不平，节水效果好的滴灌系统不能完全发挥作用，需要爬坡引水这类大型水利工程。

为此，当地气象部门加大了气象服务"三农"的力度。气象部门根据年均降水量对当地农作物进行了区划。以惠隆杂粮种植农民专业合作社为例，自2008年成立以来，已经集中了部分当地种植散户，根据农作物气候区划对种植作物进行了统一管理，将作物种植在降水适宜其生长的位置。

同时，气象部门及时提供土壤墒情监测、降雨分布预测、气象灾害预警、病虫害监测预警等服务，并抓住有利天气过程进行人工增雨。"因此，除非遇到极端天气，'靠天吃饭'也能保收了。"徐峰说。

阿鲁科尔沁旗:"中国草都"是怎样炼成的

"以前站在这里,不一会儿裤兜里都会灌上沙。风大、沙也多。"阿鲁科尔沁旗畜牧业局草原管理站站长高明文回忆起21世纪初的情景时向记者描述道。如今,站在这里,放眼望去,满眼绿色,看不到边界。

这里是内蒙古自治区赤峰市阿鲁科尔沁旗(简称"阿旗"),种植着80万亩供奶牛等牲畜食用的牧草——紫花苜蓿,这里被中国畜牧业协会草业分会命名为"中国草都"。

正在收割的紫花苜蓿
申敏夏/摄影

从荒漠到草场，从白沙到黑土，一组数据可以看出阿旗的变化：

2008年，第一个高效节水人工种植草地试验成功；

2010年，5000多亩紫花苜蓿；

2011年，3万多亩；

2012年，28万多亩；

2014年，80万多亩。

"到2015年年底，按照'十二五'规划，阿旗种植紫花苜蓿将达到100万亩的种植规模。"高明文说。

如今，阿旗年牧草年产量50多万吨，创造产值13亿元。究竟是什么造就了"中国草都"？

绝境逢生 天然气候开启草都之"门"

俗话说，在人多地少的地方，形成"吃饭第一"的观念是合情合理的。然而，在内蒙古这片广袤的土地上，如果人们只盯着今天的饭碗，不顾及环境，不顾及明天，那么生活很难活出样儿来。

阿旗地处科尔沁沙地西缘，是赤峰市荒漠化较为严重的地区，多年来频繁遭受干旱等自然灾害。"这个地方种草之前是放牧场，严重退化沙化，不种草不行。"高明文说。当时，牛羊没有草吃，牧民不得已减少牛羊数量。随着草原退化沙化严重，草畜供求矛盾日益凸显。

为了解决草原沙化严重的生态困境、解决牛羊吃草问题和农民增收问题，"种草"成为阿旗人脑海里的一个念头。然而，种什么？在哪里种？怎么种？又成为摆在面前的难题。

据阿旗气象局局长王军介绍，阿旗属于温带大陆性气候，年平均气温5.5 ℃，年日照时数2700～3000小时，年平均积温在2900～3400 ℃·天，年平均降雨量300～400毫米。"这样的气候条件非常适合苜蓿等多年生优质牧草的生长。"王军说，"阿旗的北部是高山，南部是沙地，中部是丘陵，雨水呈现出北多南少的分布情况。草业基地位于南部，年降水量为300毫米，雨水在阿旗算比较少，适合草业发展。"

左：记者采访阿鲁科尔沁旗畜牧业局草原管理站站长高明文
右：记者采访阿鲁科尔沁旗气象局局长王军
庄白羽/摄影

阿旗气象局有一项业务比较特殊，需要制作未来5~7天无雨天气预报。"牧草在收割期最怕有雨，一有雨牧草的品质就会大打折扣。这里雨水少正好适合草业发展。"王军补充道。此外，特殊的地形也使得此地具有种植牧草的资源优势。因为这里是个盆地，是赤峰最低的地方，地下水容易汇集于此。

立足草原沙化严重、地下水资源充足的实际，2008年，阿旗开始以小面积的节水人工优质牧草的建设来"增草"，解决牲畜的饲草和牧民增收问题。2011年，阿鲁科尔沁旗委、旗政府决定努力把阿旗打造成全国最大的优质牧草种植基地、最大的优质牧草加工基地、最大的优质牧草种子研发基地。从此，阿旗走上了保护草原生态与牧民致富达小康协同并进的现代草业发展之路。

效益初显 产业化推动草业发展

7月29日，在一家名为"蒙草抗旱"的上市公司的草场上，一排喷灌作业机立在草场旁，农机手正一圈一圈来回收割2015年第二茬苜蓿。

相比原先纯天然草场平均产草量每亩60千克，如今，在沙化的草原上，利用科技化、机械化方式种植优质牧草，每亩产量可高达1000千克以上，是当地天然牧场草量的20多倍。

数据统计显示，2012年阿旗出售商品草15万吨，平均价格在每吨1850元，实现产值2.78亿元；2013年出售28万吨，平均价格在每吨2000元，实现产值5.6亿元；2014年牧草产量40万吨，平均价格在每吨2200元，产值实现8.8亿元。

草业的巨大产值，同样也使得牧民收入明显提高。当地牧民鲁日布扎木苏，在2008—2012年种植紫花苜蓿2700亩，卖草100多万千克，卖牛羊100多头，纯收入在200万元以上；牧民呼和吉勒图以500亩草场入股巴雅尔草业公司，当年就拿到5.5万元租金和30%企业分红。

农民收入的提高，也反映出现代农业规模化、产业化发展的优势。机械化作业、标准化作业、规模化发展、集约化经营等现代农业生产方式，为"中国草都"的炼成提供强大的推动力。

此外，牧草业的发展对当地的经济贡献还在于对经济的拉动作用，电力、交通运输、服务等行业都被带动起来。

随着草食畜牧业规模化发展以及国家对牛羊养殖的进一步重视，特别是国内奶牛规模化养殖比重增大，对苜蓿的需求也大幅上涨。"我们每年从美国进口苜蓿70多万吨，而这里每年产值近50万吨，可以说未来我国苜蓿干草需求将持续增加。"高明文说，"下一步，将延长产业链条，引进养牛场、对草产品进行深加工等。"

除了经济效益之外，牧草业的种植也带来了可观的生态效益。据了解，近20年来，植被覆盖率一直不足10%，目前，优质牧草核心区植被覆盖度已经达到95%以上，沙漠从此变成了绿洲。

阿旗气象台台长吴建华说："在沙地种植苜蓿，可以起到防风固沙的作用。一是在自然景观上，打眼看去一片绿色，十分舒服；二是绿化面积增多，也能够增加空气湿度；三是能够促进降水，影响局地降水系统，有效改善局地小气候。"

气象保障 协力造就"中国草都"

在中美合资企业"首农辛普劳（北京）农业科技有限公司"的阿旗牧场办公室，一块电子显示屏显示着未来3天的天气预报。办公室负责人岳宏敏告诉记者，他们每天早上会先看一下显示屏上的内容，再决定一天的工作安排，浇水、割草、晾晒、打捆等，这都离不开天气预报。

阿鲁科尔沁旗蒙草抗旱草业公司洒水车
庄白羽/摄影

紫花苜蓿对气象的需求非常大,其一年种植,多年生长,种植后续的需求就是浇水,这是很大一部分成本。"每天浇水要花一万多元的电费。"蒙草抗旱企业负责草地现场管理的工程师张明营说。至于什么时候灌溉,就需要气象部门的指导。"我们目前有一个科研项目,即研究苜蓿生长所需多少水分,再加上我们知道自然降水有多少,剩下不足的水分我们可以人工喷灌。"王军说。

此外,通过调研发现,人工牧草有7项风险,其中4项与气象有关。例如,返青期的倒春寒对牧草企业影响非常大;收割期天气预报很重要;生长期参考降水预报,可以根据天气节省经济成本等等。"播种期不能有大风,大风容易把沙土吹走,使种子裸露出来,易被太阳晒死、被暴雨冲刷。"王军介绍道。针对这些需求,气象部门在阿旗的牧草种植核心区建设了1个全要素气象站,在辐射区建立了4个4要素气象站,2个2要素气象站,1个1要素气象站,还有一套农田小气候仪。

同时,为了融入阿旗牧草业的发展,气象部门主动作为,建起赤峰头一家草产

阿鲁科尔沁旗气象局为蒙草抗旱草业公司设立的全要素气象站
庄白羽/摄影

品质量检测中心,并购置了专业的检验设备,开展牧草质量检验和苜草品质鉴定工作,可对牧草含蛋白质、氮、磷等的含量进行监测;购买了人工气候箱,用于模拟气候,以测量不同气候下牧草的品质,另外还购买了检测农药残留的仪器。

"未来,我们还计划开展牧草试验工作,在有代表性的地区,建立优质气象观测试验田,开展主要苜蓿品种全生育期气象观测,研究苜蓿气象服务指标,更好地为政府和农户企业提供科技支撑,为'中国草都'建设发挥气象保障作用。"吴建华说。

气象卫士守护古老沙地云杉

天苍苍，野茫茫，风吹草地见牛羊。也许，你觉得这样的场景只存在于诗句中，然而，在内蒙古自治区赤峰市克尔克腾旗（简称"克旗"），行走在路上依旧能够看到。

克旗位于内蒙古东部、赤峰市西北部，地处内蒙古高原、大兴安岭、燕山山脉三大地貌的结合部。独特的地理地貌造就了克旗成为一个世界地质公园。据了解，克旗是全区自然保护区最多的旗县，拥有2个国家级自然保护区。其中，沙地云杉白音敖包国家级自然保护区独具特色。

"这里是全世界最大的一块集中生长的沙地云杉林。"克旗白音敖包国家级自然保护区管理局局长王利军介绍说。沙地云杉是稀有珍贵树种，素有"植物中的大熊猫"和"生物基因库"之称，现全世界仅存十几万亩，全部生长在内蒙古自治区。集中成片的3万多亩，又都集中在内蒙古自治区克尔克腾旗。

左上：王利军介绍由于大风和病虫害的侵蚀，使得300年的沙地云杉从根部折倒
右上：保护区随处可见"防火"宣传标志
右下：在克旗气象局业务平台，李博向记者介绍目前针对生态保护区所做的一些气象服务
申敏夏/摄影

克旗天然牧场上牛羊在吃草
申敏夏/摄影

"如果没有这片沙地云杉固住沙丘,美丽的白音敖包将是漫天黄沙。"王利军说,"沙地云杉作为浅根系树种,侧根系十分发达,根长是树干的1.5~2倍,盘根错节,对防风、固沙、锁水有特殊效果,一株百年的大树就能牢牢锁住一个沙丘。"

然而,历史上的白音敖包沙地云杉也经受过接近毁灭性的灾难。20世纪50年代末、60年代初,一场突发性特大火灾吞噬了大片云杉林,随之而来的又是风灾、虫灾,使这片沙地云杉面临濒临灭绝的危险。

上：沙地云杉白音敖包国家级自然保护区设立的自动气象站
下：沙地云杉白音敖包国家级自然保护区

申敏夏 / 摄影

在沙地云杉白音敖包国家级自然保护区，随处可以见到"防火"的宣传旗。"沙地云杉生存面临最大的两个风险，一个是火灾，另一个是病虫害。所以，保护沙地云杉工作也是通过人防、物防、技防综合手段重点做好病虫害治理和火灾防范。"王利军说，"这离不开气象部门的支持。"

据他回忆，2013年春季，气象部门及时告知园区将出现持续性的干旱高温天气，保护区因此加大了巡查力度和宣传力度，白音敖包地区没有发生一起火情。

类似的案例他一连说了很多。"今年春季，气象部门告诉我们第二天有一次大范围降温，根据预报预警我们积极采取了措施，给繁育圃幼苗挂上了防风保温膜，保护了生长点。"

从建保护区之初，到如今上万公顷的沙地云杉，气象服务始终贯穿其中。

"以前在白音敖包这里有一个2要素气象站，现在升级为6要素，监测水平较以前有很大提升。"克旗气象台台长助理李博说，"从2005年开始，以政府'生态立旗'的战略目标为引导，我们开始为全旗生态环境提供气象保障。"

在克旗气象局业务平台上，运用卫星分析与遥感应用软件平台，可以对火险、水情、植被、干旱、沙尘等进行监测分析。7月6日，克旗气象局发布植被指数监测分布情况，并报送旗委、旗政府、农牧业局、水利局、林业局、草监局。

"今年降水比较充足，火险等级不是很高，而去年7、8月降水比往年偏少近八成，和自然保护区沟通比较密切。"李博说。

多年来，克旗气象部门与白音敖包保护区建立了通畅的信息传递渠道。气象部门充分发挥气象监测预报和卫星遥感技术优势，在防火、气象灾害防御等方面为白音敖包保护区提供及时、优质的气象保障服务。下一步，双方将深入开展合作，做好关于风速、湿度等气象要素对沙地云杉生长影响情况的分析和评估，为沙地云杉建立更充实的气象信息库。

"目前，克旗正在申报国家级生态旗，气象部门也积极参与气候条件及生态环境现状评估，将气象服务融入生态保护。"内蒙古自治区气象局农业气象中心高级工程师王海梅说。

寻找绿色赤峰背后的秘密

十几年前，内蒙古自治区赤峰市草场退化、沙化现象严重，甚至影响到当地农牧民的生活。而如今，这里的生态状况却发生了翻天覆地的变化。

2000—2014年，赤峰市年均生态治理面积达194万亩。目前，当地有耕地面积2100万亩，草原面积达8600万亩。绿色，已成为这里的主色调。那么，赤峰绿色背后的秘密是什么呢？

找到适合自己的治沙方法——从沙进人退到沙退人进

20世纪50年代至70年代末，赤峰一些地方被严重的沙化现象困扰。

"那时我早上出门时经常发现家门口被沙埋了半米深，根本出不去。"敖汉旗惠隆杂粮种植农民专业合作社办公室主任谷瑞安说。

"一直到20世纪80年代，我们只要弯着腰做试验，起身时就会有一口袋的沙。"阿鲁科尔沁旗畜牧业局草原管理站站长高明文回忆。

从那时起，为了生存，赤峰市政府大力开展生态治理，积极探索适合本地的生态恢复之路。

在气候条件适宜的地区，如阿鲁科尔沁旗，当地发展了人工草业。通过节水灌溉，人工牧草的产量可达到天然草场的11倍，而且质量更好。这不仅增加了草场的载畜量，为畜牧业发展和转型提供了良好的条件，产生了可观的经济效益，同时也减轻了其他地区的草原承载压力。

在一些生态能够自行恢复又需要人工保护的地方，赤峰市建立起各级各类自然保护区28处，其中国家级自然保护区有8处。"政府致力于保护区升级和功能区调整工作，保护区的建设也推动全市矿产资源的开发整合，使生态保护朝着更加有序的方向发展。"市环保局副局长郑伟说。

通过多种治理方式，2000—2014年，内蒙古赤峰市生态治理面积达2908.5万亩，年均治理面积达194万亩，累计完成退耕还林656万亩。

第一次和第四次全国荒漠化和沙化土地监测结果显示，1994—2009年，赤峰荒漠化和沙化土地面积减少1144.1万亩，平均每年减少76万亩。赤峰的草原生态环境得到改善。

农业牧业两手抓两手硬——保住"菜篮子"鼓了"钱兜子"

赤峰是人口大市，相比内蒙古很多地广人稀的地区，赤峰人均占地面积较少。因此，赤峰不仅要解决好生态问题，还要满足农牧民的温饱和发展需求。

但是，降水少、气温低等气象条件，以及干旱、冰雹、霜冻等自然灾害制约了当地农牧业的发展。

赤峰的农作物种植区属于典型的旱作农业区。为了解决"旱"和"寒"的问题，当地政府根据气候条件进行区划，引导农民因地制宜，种植适合当地条件的农作物；同时大力发展高效节水农业，采取以玉米膜下滴灌、设施农业等为重点的技术措施，解决干旱和有效积温不足的问题。

截至2014年底，全市节水农业面积突破650万亩，416万亩膜下滴灌技术使粮食增产达19.76亿斤。"自2012年以来，粮食产量连续3年稳定在百亿斤以上的高产水平。"市农牧业局副局长王健说。

这一转变与当地气象部门提供的服务密不可分。近5年来，赤峰市气象部门进行人工增雨累计达6.9亿吨。"虽然相比南方城市，这一数据并不算太多，但在'雨贵如油'的干旱地区，空中雨水资源的开发取得了良好的经济效益和社会效益。"赤峰市气象局局长王民说。

"此外，赤峰市开展高效节水经济林工程，发展具有地区特色的草业、花卉种植业、林果业及特种养殖等，将生态建设与转变农牧业生产经营方式、农牧民脱贫致富及推进城镇化有机结合在一起。"市林业局副局长李勤介绍。

不过，李勤坦言，经济林占赤峰林业总面积的比重相对较小，森林、草原、耕地潜力并没有完全发挥。此外，如何吸纳更多的社会力量参与到生态保护中也是今后需要考虑的问题。对此，王健认为，既要保障生态建设，又要让老百姓增收，国家应当继续加大投入与支持力度。

第四站：吉林
"东北绿肺"深呼吸

2015年8月，酝酿已久的《长白山林区生态保护与经济转型规划（2015—2024年）》正式印发实施，对我国这个最早、面积最大的自然保护区，明确提出了促进生态保护，改变直接获取长白山资源发展的传统方式，实现经济转型的要求。

作为东北亚大陆的最高山系和松花江、鸭绿江、图们江三江之源，长久以来，长白山以其重要的生态涵养功能，保障着东北乃至整个东北亚地区的生态系统平衡，被誉为"东北绿肺"。那么，在改变过去直接获取长白山资源发展的传统方式的过程中，该如何把握发展方向、吐故纳新，寻找"绿色转型"经济增长点？

9月底，"绿镜头·发现中国"采访报道组一路东行北上探访长白山，感受到这片古老"绿肺"的年轻与清新。

从踪影难觅到"王者"归林：一减一增见衰荣

绵延的森林，密布的河流……沿着二道白河小镇的盘山公路一直往上，一路上天蓝得通透，云走得飞快，使人宛若置身仙境。从二道白河到长白山景区北山门，再换乘旅游公司的统一中巴车前往山顶，风景在我们的视线中依次铺开变幻：先是叶子还绿的树高人笔直，密密匝匝；接着是五彩斑斓的岳桦林，白色的树干在山风常年吹拂下多变曲折；再往上则是苔藓般的矮丛中生长着珍贵的红景天。

据同行的长白山气象局工作人员介绍，这种结构复杂的垂直森林生态系统具有极强的吸水能力，平均每公顷林地年均持水量达2000米^3，直接径流仅占14%，能够有效保持水土，防止洪涝灾害，吸收二氧化碳。

鉴于长白山在东北亚地区温度和湿度调节、降解污染物、削减温室效应等方面的作用，长白山保护开发区始终坚持"保护第一"原则，牢固树立"保护就是最好的开发、以合理开发促进有效保护"的理念，以保护好其自然原生态和生物多样性。而这个目标的实现，需要长白山各方精诚合作。吉林省气象局局长赵国强在接受记者采访时表示，近年来，气象部门为长白山保护区提供了全面、优质、高效的气象服务，并仍在为不断满足长白山地区生态建设、森林防火和旅游等气象服务需求而努力。

2015年7月1日，长白山气象局与长白山科学研究院共同建设的区域气象自动站开始正式采集、传输资料。另一个由吉林省政府主抓的重要项目——长白山生态气象观测站，虽然主要由刚成立的长白山气象局承担，但其站址选择、观测要素确定和观测结果应用却涉及林业、环保、科学院等多个部门。该站建成后，常规气象要素的观测及碳汇通量、负氧离子、云中液态水含量、梯度风等生态环境因子的监测将对长白山生态保护产生重要作用。

吉林省环保厅控污处处长王朝霞告诉我们，如今保护区的空气质量达到国家一类标准，水质达到国家一类标准，保护区被确定为全国东北虎种群恢复优先区。然而，很难想象，曾经在很长一段时间里，由于人类活动影响，长白山区东北虎、东北豹等物种急剧衰减，一些野生动物一度难觅踪影。

这种情况与林区的大面积采伐不无关系。新中国成立后，长白山林区成为重点国有林区之一，为全国生产建设提供木材，但同时也破坏了当地的生态系统。另一方面，当地人保护动植物的观念薄弱，上山打猎、采摘的人很多。

在保护区干了十几年的长白山自然保护管理中心副主任武耀祥对2000年左右第一次开展的搜山拆除猎套行动至今印象深刻。那次，保护区里搜出的猎套多得惊人。动物不小心踩上一脚，便只能束手就擒了。

这些年来，政府和人们的保护意识已在加强，措施也愈加严格。在国务院发布的《全国资源型城市可持续发展规划（2013—2020年）》中，涵盖了多种保护措施，其中提到，2015年起将全面停止大小兴安岭、长白山林区的天然林主伐，以恢复和提升林区生态功能为核心，停止天然林商业性采伐，强化森林管护与保护，加强森林资源培育，推进森林、湿地生态系统和野生动物保护，开展水土流失综合治理和污染防治。

吉林省林业调查规划院高级工程师梁金花告诉记者，林业局为了在更大的范围内进一步恢复长白山林区生态系统，对安图、抚松县内的原始森林采取"全封闭"方式，严禁木材采伐，严禁破坏植被，严禁猎捕动物和捕鱼，严格控制新公路的建设,除旅游居住地外尽量减少人类居住和生产痕迹,撤离在一类区域的全部从业人员及家属。而对二类过渡区,对此类区域采取"半封"方式,减少和停止商业性采伐,整个区域要为动植物生长、生活留出足够的空间。

"现在,不仅俄罗斯的东北虎来中国串门,在珲春等地定居的东北虎也去俄罗斯串门。黑熊、棕熊、紫貂、马鹿、中华秋沙鸭越来越多……"聊起保护区这几年的变化,武耀祥高兴得像个孩子。

林子长起来,动物才归来。"保护好长白山自然原生态和生物多样性,这是长白山这座天然绿色生态屏障得以筑牢的前提和依托。"梁金花说。

从"伐木人"到"护林员":"绿色转型"中的舍与得

2015年3月27日,长白山森工集团运出了林区的最后一车商品材。

常言道,"靠山吃山,靠水吃水",林子长起来,动物也归来,人怎么办?现在树不让碰,野物也不让吃了,连景区内宾馆都被拆了,人靠什么生活?

"在林区生活了一辈子,什么季节上山采什么门儿清,这已变成他们生活中的一部分。"伐木、打猎、采山货,曾是长白山当地人正常的生存手段。一段时间里,他们有些发懵,伐木、打猎、采山货,有什么不对?半辈子就是这么过来的。

如何更好地保护与开发长白山?"舍得眼前的利益才会有长远的发展。"武耀祥说。

停伐,是"舍"的重要一环。长白山等东北重点国有林区全面停止天然林商业性采伐的时代已经到来,"二次创业"也因此成为林业企业绿色转型发展的新考题。因为保护,绝不是"封禁"那么简单。

武耀祥说,仅保护区管理部门每年就要招录300多名保护工人。梁金花还介绍了下一步的发展方向,过去的林业职工将逐步转移到植树造林和发展接替产业上。

大多数林区居民已认识到,只有在保护和修复生态系统的前提下,才能获得更多的就业机会,工作岗位也才能持续性存在。虽然山里的自然资源不允许被直接利用,但新兴产业的发展创造了新的就业机会,不断吸纳劳动力。

旅游业发展带动的就业增长也不可忽视。

秀美的山景,神秘的天池,灵动的瀑布……作为知名旅游老品牌,长白山拥有绝佳的旅游资源。在"保护第一"理念的引导下,"观光在景区,休闲在外围"是长白山发展旅游的规划,而"外围"就是着力打造的休闲区域,能提供更多就业岗位。

正如长白山旅游局市场处处长张东辉所说,目前正一边打造二道白河国际知名旅游小镇,筹备"T20世界冰雪小镇联盟峰会",一边为2022年冬奥会国家冰雪训练基地大力开发冬季冰雪项目。长白山冰雪嘉年华、森林音乐节、住宿、饮食,哪一样不是在带动当地人就业,哪一样不比砍树、捕猎赚得多、赚得长久?

吃山吃水,就要吃得山长青,水长流。

未来水源地:长白山的另一份恩赐

长白山矿泉水的水源处于长白山原始森林腹地,多自涌泉,长期天然矿化,那里树木葱茏,是当今世界仅存的几个没有被污染的最佳原始水生态环境之一。国际饮水组织将欧洲阿尔卑斯山区、俄罗斯的高加索山区和中国长白山区并列为世界三大优质矿泉水产地。作为中国最优秀的水源地之一,这里于2001年建立了中国首个省级矿泉水保护区——长白山天然矿泉水靖宇水源保护区。

在靖宇县,刚刚开始有发展水产业这个打算时,县政府时任领导就决定,不要小企业,引进的第一家企业必须是大企业。十几年前,为了说服某个当前市场上的大品牌来靖宇投资建厂,县领导一趟一趟去那家公司,全力做好各种配合和服务。大品牌入驻后立即吸引来同样层次的诸多企业,才使得无论是在水源地保护、基础设施完善、水产品加工质量上都有了较高的起点,从而带来了良性发展。

换上厚厚的雨靴,在靖宇县保护区科技科科长吴世利的带领下,报道组一行十余人乘车进入长白山天然矿泉水靖宇水源保护区。下车后,记者再沿着茂林间的一条泥泞小路走上一个多小时,去探访保护区里最大的矿泉水基地——人迹罕至的白浆泉。

清洌的泉水不断从地下涌出,水里的每一颗小石子清晰可辨。泉水旁边的秋叶红得很是艳丽,水中是明亮的倒影。

这里的水源自地下深层火山岩,经千年循环、溶滤、吸附等过程,水质极佳,且其温度长年保持在8 ℃,保证了水中矿物质成分及含量的相对稳定。

丰沛的降水从天上落到地下，被浓密的森林植被挽留，流向河湖的步伐慢了下来，更多的水渗入地下，与地下的火山岩产生化学作用，再通过裂缝涌出，就变成了一个个天然矿泉水的自涌泉。

这一进一出，需要20~60年的时间。"你们能想象得出吗？今天我们喝的是50年前的降水，那么50年后，就取决于今天的降水了。" 未来降水量的变化，是大家极为关注的问题，也是决定开采量的重要依据。长白山矿泉水储量丰富，已勘查并通过国家级或省级鉴定的矿泉水点有177处，日总允许开采量为28.77万吨，适合大规模开发。

如今的长白山矿泉水经过大企业的"搬运"，成为全中国甚至全世界人可以享用的财富，但这些水还能流多少年？

这几年，吴世利意识到，大气环境的变化是个整体。当想了解更大范围的气象数据时，他就去气象局要观测资料，一来二去，还与靖宇县气象局局长董刚成了朋友。当听说在7月1日试运行的中国气象数据网上就能免费获得气象资料后，他显得特别高兴。

2015年9月20日，被誉为"东北最美高铁"的长珲城际铁路（长春至我国最东端的边境城市珲春）正式开通运行。

告别巍巍长白山，一路上，我们一直都在思索：什么样的开发才是真正合理的开发？到底该如何看待生态保护和经济开发的关系？当车窗外"以生态保护为根本前提，以旅游业为龙头引领，以文化和特色资源产业为两翼支撑，矿泉水产业为引擎推动"的巨幅大字一个个从眼前掠过时，我们仿佛看到，古老的长白山在绿色转型的路上，借助"一带一路"和"东北振兴"的区位发展优势，绽放出年轻的活力，驶向宽阔无边的未来。

长白山54年无重大森林火灾的背后

2015年9月16日一大早，长白山天池就迎来了很多游客，他们围在天池边上，焦急等待云雾散去，一睹天池真容。风来了，云走了，天蓝了起来，镜面般的天池蓝得十分透彻，游客欢呼雀跃，快门声不断响起。

熙熙攘攘间，有一群穿着红色棉大衣的人，他们之间有几米的间隔，戴着帽子、墨镜，围着围巾，大衣袖子上写着"防火督查"四个大字。山上冷、风大，他们的任务就是严防游客将火种带上山。

在长白山保护区，已经有54年没有发生重大森林火灾了。54年前，长白山保护区成立。这意味着，自成立之初，这片区域就没有发生过重大森林火灾。这背后，有林业、气象等多个部门的努力。

天池边的防火督查人员
张格苗/摄影

2015年9月13日早晨,长白山气象局新安装的雷达正在吊装顶盖。与雷达塔楼一起建设的还有新的办公楼,技术设施的改善和高科技设备的应用将为长白山包括森林防火在内的诸多服务提供更加有利的条件
张格苗/摄影

春季和秋季是长白山防火的两个关键时期。长白山自然保护管理中心在山里海拔高度1000多米的地方设了9个保护站。每个站有3~4个巡护组，每个组里有7~8个人。保护站的工作人员在这两个季节会24小时守在山上，并实时勘查。2015年9月初，这些巡护组就已经全员驻山了。该中心副主任武耀祥向记者介绍了巡护组的工作流程。巡护员通过瞭望台发现火场后，第一时间通知指挥中心，并随即派人寻找火场，确定位置后第一时间通知。然后，管理中心就会派出专业扑火队进行扑火。

"一般火势较小时，我们自己的扑火队就能控制住，但如果火势较大，我们会请求森警部门支持，共同灭火。"武耀祥说。作为全国重点森林防火区，珍贵的森林生态系统让防火成为保护区的重中之重。对气象部门来说，守护这份"财富"也是义不容辞的责任。

由于气候变暖，长白山这些年也出现了连续干旱的情况。1986年被台风刮倒的大批原始森林变成了高山草地，森林防火等级也相应升高。在每年的防火期，气象部门都主动向管理中心报告天气情况，并提醒其做好相应的预警准备。每到干旱的节点，还通过人工增雨降低森林火险等级。长白山气象局局长杨环宇介绍，3年来，该局人工增雨作业直接影响面积已达到了3000千米^2，有效增雨达到8000万米^3。

2014年10月26日，长白山气象局在进行了一次成功的人工增雨后，高火险区森林火险气象等级由4级降为1级，长白山自然保护管理中心在重点区域的巡视员也由20余人减少至9人。

武耀祥谈起这一点时连连称赞："天气预报是我们提前开展预防工作的第一素材，而人工影响天气则有效减少了森林火灾发生的概率。"当然，54年无重大森林火灾的背后，肯定还有更多部门、更多人做了更多工作。他们一道守护着这块"生态绿肺"，守护着这片美丽家园。

让气象服务永驻白山松水间

吉林省位于我国东北中部,是老工业基地,农业、粮食大省,全国重要的商品粮基地。省内自然资源丰富,生态环境优美。近些年,气象在农业、人工影响天气和生态建设方面都开展多项服务,为经济社会发展发挥了巨大效益。"绿镜头·发现中国"报道组记者对此采访了吉林省气象局局长赵国强。

记者: 吉林自然资源丰富,又是粮食生产的主要省份,您能简单介绍一下我们相关的气象服务工作吗?

赵国强: 吉林是农业、粮食大省,是全国重要的商品粮基地,也是生态大省。吉林气候差异很大,东部的白山、通化市是湿润地区,长春至白山、通化是半湿润地区,而长春以西是半干旱地区。全省气象灾害多发,干旱是第一大灾害,也是制约农业发展的主要因素。此外,冰雹、暴雨等气象灾害也时有发生。虽然这几年农

记者采访吉林省气象局局长赵国强
陈励 / 摄影

业基础条件有了较大的改善，但"靠天吃饭"的条件仍没有发生根本性改变。如何由"靠天吃饭"向"靠天管理"转变，让老百姓能及时快捷了解、获得、使用气象信息，这是我们气象部门为农服务的一个重要任务。对此，我们开展了一些工作：

首先，气象信息发布传播向乡村延伸。在农村乡镇以及大的村庄都建立了信息站，以及两万多个大喇叭，让老百姓能够随时获取信息。

二是农业气象观测向田间地头延伸。我们在全省建立农业气象观测站42个，自动土壤水分监测站106个，农田小气候观测站28个，农田实景观测系统20个，建有农业气象试验站3个。通过农业气象观测网的建立，让老百姓知道如何进行日常的田间管理，使我们提出的建议措施更有针对性。

三是农业气象服务组织向基层延伸。从气象部门来讲，提高农业服务的针对性至关重要。从省级来说，以农业气象中心为龙头承担农业气象、生态与卫星遥感业务及科技支撑，各市级农业气象中心配合，各县气象局开展农情、灾情调查和反馈，加强农业气象的观测。这些年我们服务重心下移，向乡村、向老百姓延伸，服务深入田间地头。

四是服务合作向部门延伸。强化部门合作，充分利用社会资源。气象部门与水利部门开展合作项目，把气象服务纳入农业措施中，使部门之间的合作发挥综合效益。在抗旱方面，利用自动雨量站和土壤水分监测站监测降雨量和土壤水分，把水利部门的调查结合起来，提出有效的抗旱措施，与农业部门共同开展病虫害防治工作。

总体来说，各部门对气象服务都有很高的评价，并全力支持气象为农服务工作。

*记者：*吉林气象现代化建设进展如何？

*赵国强：*吉林省气象部门始终坚持气象现代化，强调坚持需求牵引，服务引领；坚持政府主导，气象主办；坚持部门联动，全面融入；坚持项目改动，创新驱动。

坚持需求牵引，服务引领。在生态环境方面，吉林全省森林覆盖率达到44.2%，生态环境比较好。如何保护好环境，是对气象部门提出的新任务，其中一个就是绿色发展。围绕绿色发展，省里面按照不同的生态区，进行了整体功能区划。对于东部来讲，主要以长白山为主，提出森林修复保护问题，中部是黑土地的保护，西部是生态经济区建设。吉林的气候特点为：东部是湿润地区，可以满足大片森林的生态蓄水。中部是全球三个黄金黑土地地带之一——东北黑土地，也是我国玉米黄金生产地带。但近些年，由于人类活动增加，气候变暖，对黑土地的影响很大，退化很快，平均每年减少1厘米。如果保护不好，20~30年后黑土地可能不复存在。西部是半牧半耕地区，主要是降水问题。

围绕整体功能的区划，如何把绿色生态效应变成一种综合效益，特别是对于经济效益发挥的问题，对气象部门来说是个挑战。长白山是东北亚地区的气候调节带，也是天然气候保护区。过去在碳循环上对它的研究非常少，党的十八大提出低碳经济、绿色经济。2013年，气象部门开始开展森林业生态气象观测，2014年正式立项。考虑到中部地区为主要粮食生产核心区，在全国第一粮食生产大县榆树市，针对黑土地的保护开展固定观测、定位观测。在西部，我们和中国科学院大气所建了一个关于草地的生态观测站，打算再建一个湿地的生态观测站，这样森林、农田、草原、湿地四个典型的生态都有气象观测，为生态建设提供科学依据，这种需求对我们业务的布局提出了新的要求。

坚持政府主导，气象主办。省政府在推动气象现代化上，坚持做到有政策、有措施、有资金、有考核。2015年，省委在"一号文件"里面明确提出现代化。从规划来讲，在近期省里出台规划中，都把气象现代化纳入到了专业规划中，如生态规划、城镇化规划，粮食生产省长责任制等。从投入来讲，政府对现代化的投入很多，增速和增幅都比较大。2015年，习近平总书记提出，吉林在全国应该率先实现农业现代化，省政府组织率先实现农业现代化的总体规划，把气象为农服务作为重要组成部分和指标体系纳入进去，这个项目也是"十三五"的一个蓝本。

气象现代化产生的效果和老百姓感受的现代化能够一致起来，才是气象部门需要继续努力的方向。简单地说，从气象灾害防御角度来讲，对于气象灾害的出现能够测得到，报得准，发得出，让老百姓觉得到，并且用得上。为此，我们的观测密度要加大，自动化、网络化和信息化程度都要提高。让气象信息真正覆盖到千家万户，到社会的各个单元。

坚持部门联动，全面融合。现代化光靠气象部门一家是不行的，需要多部门共同实现。现在，我们和水利、国土、林业部门已经实现了资料共享。我们和农委，

二道国家基本气象站称重式雨量传感器
刘佳/摄影

东北区域人工影响天气中心办公室
刘佳/摄影

以及未来还要和畜牧、粮食等部门开展合作,把气象每一部分的每一个需求都融入进去。只有大家共同实现现代化,才会发挥更大效益。

项目带动,创新驱动。做好现代化光靠政府的预算支撑是很难的,更多要通过项目和工程的带动,既能带动现代化的水平,还能提高我们的能力。创新驱动方面,现代化是一个新的、动态的目标,如果不去创新,效益就很难发挥。包括布设自动化探测方面,科研和机制体制方面都需要创新,如果这些问题不用创新的思维去解决,那么我们的现代化还是会只停留在口头上。

记者:人工影响天气是气象防灾减灾中的重要环节,您能谈谈东北区域人工影响天气中心的建设情况以及为周边经济社会发展提供了哪些服务?

赵国强:人工影响天气是气象现代化的重要组成部分,它是气象防灾减灾中最有效和最直接的手段和措施。人工增雨也是吉林抗旱的首要选择、第一手段。现在我们需要通过实现作业的现代化、指挥的科学化、信息的网络化和效益的综合化，来加强人工影响天气的建设。

针对作业的现代化，一是飞机作业能力的建设。2014年，省里大力投资，将人工增雨作业飞机进行标准化改装设计，配备探测设备，安装适合多种云降水条件催化的新型催化播撒装置和空地通信传输系统。从探测到识别再到作业，一整套已经基本上实现了自动化水平。二是地面人工影响天气作业能力建设。我们加强火箭作业的自动化，2015年，全省购置新型智能火箭系统70套，推进地面作业装备智能化、网络化和现代化。2014年，省政府还建了标准化作业站，我们将作业站点中的544个规划站点规划起来，2015年还新建了226个标准化作业站，改建95个。

对于指挥的科学化，过去，我们的人工影响天气作业几乎是没有指挥的，都是靠现场的炮手或者火箭手来操作，存在很大的盲目性，导致效率很低。现在人工影响天气作业指挥业务系统建设已经基本完成，完成了区域级和省级人工影响天气作业指挥系统硬件设备采购，建成了连接国家—区域—省—市—县的人工影响天气作业指挥高清视频会商系统，完成了人工影响天气作业指挥应用系统（软件）区域、省、市三级综合处理分析平台建设，并在东北区域人工影响天气中心试运行，实现了气象资料的手机管理、作业条件预报预警、作业决策指挥、效果评估、作业信息收集管理等功能。

东北区域人工影响天气中心对于周边的经济社会发展方面，作用还是比较大的，效益也逐渐显现出来。东北区域人工影响天气中心坚持边建设、边发挥效益的原则，在气象防灾减灾、森林草原灭火等方面都为周边经济社会发展发挥了积极作用。

一是统一协调指挥。现在东三省加上内蒙古，只要有大的天气过程，就要作为一盘棋去考虑。原来东三省的人工影响天气作业基本上是各自为政，现在只要哪个地方出现旱情，其他不旱省份的飞机都可以调用，统一指挥。二是辐射带动作用。东北区域人工影响天气中心的建设是按照国家统一的部署和要求去建立的，它对于全国来说起到示范作用。三是推动作用。东北人工影响天气中心的建立对于东北整个地区来说具有推动作用，包括建设的标准、模式，甚至是做法，很快在东北区域就可以推广起来。四是联防纵防作用。对于一些重大活动，我们区域中心的作业和保障服务能力是很强的。

第五站：内蒙古鄂尔多斯
农牧民离不开的好帮手
——杭锦旗气象局服务农牧业纪实

有这么一组数据真实记录了内蒙古自治区杭锦旗的农牧业情况：

农牧业用地达1772万亩，占全旗总面积的62%；

农牧业人口达11.5万，占总人口的78.7%；

每年稳定有202万头牧业牲畜；

农作物总播种面积达到121万亩，粮食总产量突破8亿斤；

……

可见，农牧业于杭锦旗而言举足轻重，发展好农牧业是全旗的要务之一。气象部门作为科技型服务部门，推动农业增产、牧业增收，必应当仁不让。

杭锦旗羊群
王素琴/摄影

"一是针对农作物播种期、夏管、秋收提供针对性强的气象服务专报;二是遇有关键性、转折性、灾害性天气时,及时、准确提供气象信息,为农牧民安排生产,当好参谋;三是针对大田作物提供生产建议;四是及时开展人工增雨作业,增加降水,给农作物补水。"就像杭锦旗气象局局长马长生所言,气象部门脚踏实地地为农牧业发展提供了有力的支撑。

有事实作证。

2015年7月20日,杭锦旗局部地区出现雷阵雨天气,锡尼镇、塔然高勒乡的5个村出现冰雹灾害,其中,最大降水量出现在乌定补拉村,2小时达39.3毫米。

7月19日,杭锦旗气象局已经及时通过手机、电视、农村大喇叭及电子显示屏等提醒广大农牧民注意防范短时强降水和雷电天气,合理安排生产生活。特别在20日14时,当值班人员通过雷达监测到对流云体发展并将产生冰雹云后,第一时间对外发布了冰雹橙色预警。

"重要的是,我们通过手机短信将此信息分发至9000余农牧民手中,人群覆盖到全旗所有76个行政村。"马长生对超过9000条的短信发送量很是自豪,因为这意味着每个农牧业家庭中至少有一个人能便捷地收到信息,"手机短信最有效,手机随身携带,短信随时接收。"

之后,当杭锦旗气象局组成的灾情调查组来到乌定补拉村时,当地的村民拉着调查组人员的手,万分感激:"多亏了你们的预警信息,我们及时把羊赶回羊圈,不然这冰雹砸下来,大雨泼下来,损失就大了。"

时间回到2014年6月6日,锡尼镇胜利村境内持续下了近14个小时的雨,累计降水量达104毫米。当时正值油葵幼苗生长期,同样是准确的预报、及时的预警,没有让村民们遭受太大的损失。村民白侯祥回忆起来仍十分感激:"要是没有及时收到气象预警,那年就没有油葵收了。"

据旗政府相关人员介绍,目前农牧民人均年收入约1.3万元,这个数字对于内蒙古自治区的贫苦县杭锦旗而言并不算少。但如何脱贫仍是杭锦旗政府最为努力想去解决的问题,引进和扶持有实力的农畜产品加工流通企业、建立健全农畜产品产地保护体系等各项农牧业优惠政策正在实施,杭锦旗正在期许一个更加美好的未来。

"我们正下大力气推进气象现代化,提高气象服务水平,保障地方经济社会发展我们责无旁贷。"马长生信心满满。

释放民运会的"礼包"效应
——康巴什新区文化旅游活动民族风愈浓

"第十届全国少数民族传统体育运动会不仅给我们留下了宝贵的精神财富,还送来了超值的'礼包'。"内蒙古自治区鄂尔多斯市委书记白玉刚在接受记者采访时高兴地说。白玉刚所说的"礼包",是全国各地朋友对这里的点赞评价——"鄂尔多斯蓝""康巴什慢生活""宜居度假""来了就不想走"。

这样的"礼包"用金钱是换不来的,这样的"礼包"是鄂尔多斯人用开放包容、诚信友善、不屈不挠、拼搏创新、艰苦奋斗、不断进取的精神品质换来的。记者在民运会的主赛场康巴什新区看到,这个"礼包"的效应正在精彩释放。在"十一"黄金周即将到来之际,康巴什新区各项文化旅游活动开展得如火如荼,而且民族特色更加鲜明。

草原新城康巴什
任志堂/摄影

"敖包相会"等你来

"十五的月亮升上了天空哟,为什么旁边没有云彩,我等待着美丽的姑娘呀,你为什么还不到来哟?"这是一首家喻户晓的蒙古族民歌《敖包相会》,如今在康巴什新区郊外的晚上,在一座新建的敖包旁边经常被唱起。

在康巴什北区青春山文化旅游景区的最高点,有一个刚刚建起的大敖包,名叫伊克敖包。伊克敖包中心平台直径54米,敖包直径27米,高度13米,总高36米,整个区域包含有中心敖包1个,随从敖包12个,还有祭火广场、朝圣步道、72根禄马风旗和祭祀平台等设施。

近年来,在康巴什新区居住的人们越来越多,而新区还没有一座具有规模性的敖包。为满足新区各族人民的精神需求,增进民族团结友爱情感,新区少数民族民俗文化研究协会根据群众意愿,主持了伊克敖包工程项目。项目由协会主导,企业投资,2015年6月开工,10月全部竣工。

实际上,在8月的民族运动会期间,伊克敖包工程的主体已经完工。人们来往东康线在欣赏鄂尔多斯体育中心的民运会场馆时,会有人发现,在东康线的西对面山顶上耸立起了一座高大的敖包。于是每到傍晚,这里便出现了前来约会的情侣,也响起了欢快的情歌。

9月15日,康巴什新区正式举行伊克敖包落成大典。从此,伊克敖包成为康巴什新区及各方游客领略蒙古族文化的一个艺术殿堂。

城市那达慕激情似火

伊克敖包的落成,在为康巴什新区各族群众和各地游客提供民族文化交流的同时,也成了民族体育交流的重要平台。

那达慕是富有蒙古族特色的体育盛会。第十届全国少数民族传统体育运动会召开后,康巴什新区民族体育活动方兴未艾,人们希望能多开展、常开展这样的活动。

为大力挖掘少数民族优秀体育资源,促进新区民族传统体育事业,推动敖包文化健康发展,满足广大群众的精神需求,9月15日,康巴什新区举办首届城市那达慕系列文化活动,开展赛马、搏克、射箭等民族体育比赛和文化交流。

赛马分为速度马和走马，搏克分为蒙古式搏克和鄂尔多斯搏克，射箭分为男子和女子。速度马、蒙古式搏克、射箭均执行国家民委、国家体育总局和内蒙古自治区体育局审定的最新竞赛规则。走马、鄂尔多斯搏克采用鄂尔多斯市第二届民族运动会所执行的竞赛规则。

康巴什新区首届城市那达慕大会参赛选手来自鄂尔多斯各旗区以及整个内蒙古自治区，200多名选手们个个积极参与，热情似火，目的不为追求成绩，只为这份民族技艺的骄傲，并把这项传统运动传承下去。

菊漫康城·幸福满城

菊花深受中华儿女所喜爱，是我国传统的十大名花之一，与梅、兰、竹并称为"四君子"。深秋赏菊，已有上千年的历史，早已成为我国民间的传统习惯，缔造了丰富菊花文化。在康巴什新区这个时尚草原城的深秋季节，新区为当地群众和各方游客举办了"菊漫康城·幸福满城"特色主题游活动。

记者了解到，自9月19日开始至10月15日，鄂尔多斯婚礼文化园举办大型菊花展览，与您相约浪漫金秋，进行观菊海、赏菊花、闻菊香活动。其间，有花中垂钓、花中瑜伽、九九忆重阳等活动。不管是本地市民，还是外地游客，都可以参与，或参加钓鱼比赛，或体验花中瑜伽，或参与菊花佳品征集和养菊达人评选，分享花园城市的快乐，分享幸福的康巴特色。

鄂尔多斯婚礼文化园，最初是一个展现鄂尔多斯婚礼这个民族文化品牌的园地，后来又加入了中国国花牡丹的元素，每年举办一届牡丹文化节，民族文化的影响力越来越大。现在，随着菊花文化的加入，新区的民族文化旅游将更引人入胜，馥郁芬芳。

10月，是康巴什新区的秋季，早晚温差较大，但并不寒冷。白天日照充足，气温回升快，前来旅游的人们可以选择单层棉麻面料的短套装、T恤衫、薄牛仔裤、休闲服等舒适的衣服。气象部门也提醒广大游客，要随时关注天气预报，适时增减衣物。

探寻萨拉乌苏湿地"生命"的传奇

在内蒙古鄂尔多斯乌审旗境内,有一条绵延80千米的幽静河湾。7万~14万年前,我们的祖先"河套人"在这里繁衍生息。今天,"绿镜头·发现中国"走进鄂尔多斯栏目组的记者们,踏着先人们的足迹,开始发现这沙漠大峡谷的丰富的生态含量,探寻峡谷里的生命传奇。

萨拉乌苏湿地,蜿蜒分布在毛乌素沙漠和黄土高原的分界线上,占地面积1295公顷,属于典型的干旱半干旱地区河流水库湿地生态系统,也是中国西部贫水地区珍贵的生态资源。公园内资源富集,动植物繁多,有植物162种,动物163种,其中国家一、二级重点野生保护动物13种,是我国西北地区重要的候鸟栖息地和我国最大的沙漠大峡谷湿地,享有"大漠碧湖、飞鸟天堂"的美誉。"近年来,萨拉乌苏湿地的保护和发展已经给我们这个城市带来了良好的生态效益。一方面调节小气候,增加了当地的湿度和降雨量;另一方面湿地内丰富的植物群落,能够吸收大量的二氧化碳,净化了空气。"乌审旗林业局总工程师王文明说。

美丽的萨拉乌苏
内蒙古自治区鄂尔多斯市气象局/供图

据萨拉乌苏文化旅游开发区管委会的负责人燕飞泉介绍:"为有效保护和扩大湿地资源,保持湿地生态平衡,我们实行'一河三园'战略,以萨拉乌苏河为中心,在河边依序建立萨拉乌苏国家考古遗址公园、萨拉乌苏国家湿地公园和萨拉乌苏休闲养生农业园,集观光游览和生态保护于一体,实现经济效益和社会效益双赢,达到发展和保护相统一。"

萨拉乌苏文化湿地是上天赐予我们的一份珍贵礼物。其生态环境既有独特性、稀有性,又有敏感性、脆弱性。近年来,鄂尔多斯市和乌审旗两级气象部门利用气象现代化成果,在保护生态环境中发挥了重要作用。"为了让城市留住绿色,气象局先后购进增雨火箭、'三七'高炮等现代设备,密布气象观测站,针对每次降水过程,都要周密制订飞机和地面作业相结合的立体作业方案,最大限度开发利用空中云水资源。"鄂尔多斯市乌审旗气象局局长李兴飞说。"每年的3月初,我们就开始全旗初春土壤墒情监测。当土壤解冻到10厘米时,开始进行测土观测,对土壤的含水率、湿度、贮存量水分等要素及地下水位观测同时进行测量。4—9月每旬都发布"生态监测信息",逢月、季发布"气候生态监测信息",当出现冰雹、沙尘暴、干旱、洪涝等灾害性天气时,及时发布"灾害性天气信息",为全旗的生态建设提供了决策性服务。"

"绿水青山就是金山银山,山水林田湖就是生命共同体"。这条在醇厚的黄土和沙漠中蜿蜒的河湾,默默地流淌,滋润着岸边的生命。我们要保护好这片生态系统,共同构建一个天地人和谐相处的生命共同体。

立足需求 服务生态建设

鄂尔多斯市位于内蒙古自治区西南部，西北东三面为黄河环绕，南临古长城，毗邻晋陕宁三省（区）。鄂尔多斯市自然资源富集，拥有各类矿藏50多种，其中，煤炭已探明储量1676亿吨，占全国的1/6；天然气探明储量8000多亿米^3，占全国的1/3。

2014年6月5日，我国首批生态文明先行示范区建设地区名单公布，鄂尔多斯市位列其中。《鄂尔多斯市国家生态文明先行示范区建设实施方案》明确提出"实现工业生态文明（高碳能源低碳化、传统能源清洁化、新型能源规模化）、草原生态文明（生态修复、生态安全、生态文化）和城市生态文明（宜居宜业宜游、产城融合良性互动）"的总体要求。

内蒙古自治区鄂尔多斯市气象局局长李春筱接受专访
刘杰/摄影

记者：在生态文明先行示范区的建设过程中，气象部门开展了哪些工作？

李春筱：为此，鄂尔多斯市气象局成立了"生态与农牧业气象服务评估中心"，同时，在各旗区建有8个生态与农牧业气象监测站，对草原、沙漠、地下水、森林、土壤等进行监测评估，并向市委、市政府提供相关数据，以供决策。市局积极开展人工影响天气工作，为生态文明建设及综合改善、治理当地生态环境做出应有的贡献。不仅如此，市局还利用卫星遥感结合地面监测数据，对鄂尔多斯市的植被长势及覆盖情况开展适时监测，对全市生态建设及变化情况进行分析评估。

记者：治沙是鄂尔多斯生态文明建设的一项重要工作，在治沙过程中，气象部门的工作和作用是什么？

李春筱：首先，为了实时观测沙漠变化情况，鄂尔多斯市气象部门在库布齐沙漠、毛乌素沙地布设沙丘移动观测点，每年的3—6月通过迎风坡移动、背风坡移动及丘顶变化指标对沙丘移动情况进行适时监测；并与林业、农业等部门共享数据。同时，气象部门为林业部门飞播作业选择有利时间，并积极开展人工增雨作业，保证飞播成活率。

记者：鄂尔多斯属于缺水地区，气象部门在合理研究、开发利用水资源方面做了哪些努力，取得了哪些成效？

李春筱：鄂尔多斯是一个干旱半干旱地区，缺水是比较突出的特点。首先，气象部门开展了人工影响天气工作。鄂尔多斯市气象部门拥有1架飞机、32门火箭和87门高炮，分布在全市所辖范围内。在每年4—10月为鄂尔多斯的主要降水集中期，气象部门密切监视天气变化，不放过任何一次人工增雨的机会，最大限度地利用空中云水资源。通过人工影响天气作业，鄂尔多斯市的缺水状况得到了一定的改善。同时，气象部门布设8个地下水位观测站，每月对地下水位进行适时观测，分析地下水变化规律，为实现地下水资源的可持续利用提供依据。

记者：在推动经济发展方面，气象部门是如何发挥自己的作用的？

李春筱：气象部门在地方经济建设中的作用主要体现在防灾减灾方面。一要提供准确的监测数据。这是为气象事业发展，也是为当地经济发展提供必要的支撑。二要提供准确的天气预报。天气预报的准确与否直接关系到国民经济建设和人民的生活。三是提升预报、人工影响天气作业的科技支撑力。这些年来，气象部门在为农、为工等服务上投入了大量的资金,为全市的工农业及其他行业做出了积极贡献,如在暴雨、霜冻、冰雹等灾害性天气发生前,及时发布预警信息,避免和减少了不少经济损失。

记者:未来,气象部门如何围绕市政府的主要工作,进一步开展工作?

*李春筱:*首先,气象部门要进一步提高预报准确率,在灾害性天气发生前争取更多的准备时间;其次,将进一步加大在防灾减灾方面的投入力度,用现代化的气象手段减少经济损失;第三,进一步加大卫星遥感在生态建设方面的作用,为鄂尔多斯市生态环境改善做出应有的贡献;第四,加强与相关部门的合作,在农牧、林业、水利、交通等方面发挥出气象部门的独特作用,为地方经济建设做出更大贡献。

第六站：福建

福建海洋生态修复整治探访
——迈向蔚蓝的脚印

3752千米大陆海岸线蜿蜒曲折，曲线长度是海岸线南北两点直线长度的7倍；2215个海岛星罗棋布，总面积达1156千米^2；13.6万千米^{2}可作业海域面积，比陆地面积大12%：拥有"港、渔、景、油、能"五大优势资源的福建省，是名副其实的海洋资源大省。

海洋资源的丰富一方面予人以宝贵的财富，另一方面也导致了人们对它的过度依赖。大海虽然有着极佳的自我净化能力，但也无法承受长时间掠夺式的开发。乱排、滥采、围垦、筑坝、随意开发旅游资源等行为，导致海洋生态系统遭受严重破坏，极大地制约了海洋经济的可持续发展。外来物种的入侵，又使本已岌岌可危的海洋生态环境雪上加霜。

面对严峻的形势，福建人如何迎难而上，保护自己身边这片宝贵的海洋呢？

海洋拥有地球各大生态系统中最强的自净能力和容量。但是，海洋的胸襟就算再宽广，也无法容忍人类肆意的破坏与索取。生物链一旦断裂，蓝色将不再象征希望，而是指向荒芜。

把大海应有的还给大海

两架无人机飞过天空，机身上写有"增殖放流"的红色横幅分外醒目。这是2015年11月29日，由厦门大学学生会主办的"江河湖海，年年有鱼——厦门大学增殖放流路演"活动中的一幕。

福建近海曾有着丰富的野生渔业资源，但由于捕捞能力大大超过再生能力，近海渔业资源结构基本解体。虽然捕捞产量依旧在增长，但这一数字是由低营养级的鱼类撑起的，大黄鱼等优质品种早已不能形成鱼汛。用一句话来概括就是网眼越来越小，大鱼越来越少，小鱼越来越多。后果可想而知。

要修复、保护海洋原有的生态环境，就要把原本属于自然的归还给自然。在成为人类发展的宝库之前，海洋首先是以鱼类为代表的各种水生生物的家园。因此，福建将增殖放流作为保护生态环境、养护海洋资源的重要一环，提出"江河湖海，年年有鱼"的口号。

增殖放流，简单地说就是向水体中投放鱼苗等，弥补过度捕捞和环境污染带来的生态系统破坏问题，恢复原本正常的生态循环体系。在福建，这一工作已在2004年就已开始。福建省海洋与渔业厅资源环境保护处处长郑福来告诉记者，2009年，增殖放流工作规模大大扩展，每年投入资金达1300万元，物种数量超过30种，覆盖区域遍及全省海湾和内陆流域干流支流。而随着《福建海洋生态·渔业资源保护十大行动方案》的提出，对增殖放流的要求也大大提高，单凭政府的力量显得有些单薄。于是，福建省海洋与渔业厅提出"江河湖海，年年有鱼"的口号。

这一口号正逐渐变成福建人民共同的愿望。2015年初，《福建日报》专版刊登以地市为单位的增殖放流目标，宣告了规模浩大的全社会共同行动的开始，海峡环保基金会、福建环保志愿者协会以及30余所高校的学生在线下组织路演宣传等公益活动。腾讯大闽网、福州宝宝网配合推出网上募捐活动，在线募集增殖放流所需资金，吸引10万余人参与捐款。与此同时，一座水生生物放生体验平台建立起来，让公众在体验增殖放流工作具体内容的同时，了解放流过程中的注意事项，避免盲目放流。在全社会的共同努力下，2015年，福建组织增殖放流活动170余次，规模达到31亿尾。

增殖放流主要是在休渔期进行，还会在目的海域张贴警告，防止误捕。所用鱼苗来源经过严格挑选控制，均为本地种，来自福建省内的多个原种场、育苗场，其中还包括一些珍稀品种。增殖放流的效果评估工作也在持续进行，就初步评估结果来看，海洋生物的增加消除了海域内30%~50%的氨和氮，避免了水体的富营养化，对改善水质起到明显作用。从整个生态系统看，生物多样性得到提高。"放的苗不求全部存活，而是让它们融入自然环境之中，力求还原一个能健康循环的生物链。"郑福来说。

由于在增殖放流方面取得的成就，福建省海洋与渔业厅获得了由联合国环境规划署、中国环境保护协会及港澳台三地环境保护协会颁发的杰出环境治理工程奖。

作为这项工作的推动者，郑福来利用业余时间到街头巷尾探访后发现，原本难觅踪迹的长毛对虾重新出现在市场上，且价格回落到一个相对合理的水平。而据海钓者反馈，近年来海里的鲷科鱼类明显增加，个头也变得比以前更大。增殖放流帮助大黄鱼种群增长后，形成了新的洄游通道，甚至在台湾都能捕捞到。

除此之外，福建还试图为海洋生物筑巢，营造良好的生存环境。他们选择的做法是投放鱼礁。目前，每年福建省海洋与渔业厅都会投放约1万米^{3}的鱼礁进入大海，提供适宜海洋生物繁衍生息的栖息地。在福鼎嵛山岛、霞浦笔架山岛、莆田南麂岛、泉州大港湾，人工鱼礁的建设正在进行中。

在人类与大海直接接触的海岸带上，冲突更为直接。在这里，人类无休止的索求造成了难以估量的损失。海岸带的修复整治，需要探求一条不同的道路。

福建省气象台观测场
汤珺琳 / 摄影

海陆之交 得失之间

在漳江的入海口，陆地与海洋的交接处，有一片郁郁葱葱的红树林。海水退潮时，它与普通森林似乎没什么两样，只是树下是一层深深的淤泥；当海水涨起来后，它只剩一片绿色的树冠留在水面上。这就是北回归线以北规模最大的一片红树林——漳江口国家级红树林保护区。在这片生机盎然的滩涂上，栖息着150多种鸟类、240多种水生动物和近400种水生物。海风拂过，白鹭轻翔，俨然一幅天堂景象。

但在福建省绵延3000多千米的海岸线上，这样生态保存完好的滩涂并不多见。在开展海岸带修复整治之前，沿着海岸线一路走来，你会看到脏乱差的渔港、长满了互花米草的滩涂，以及正在不断流失的沙滩。

就以漳江口为例。若沿着保护区内、红树林下的科研栈道一路走到林地边缘，或是泛舟海上，人们就会发现茂密的红树林带外围不远处，生长着一蓬又一蓬黄色的杂草。长期从事红树林研究，特别是红树林与米草关系研究的厦门大学环境与生态学院副教授张宜辉告诉记者，那就是互花米草。

与生长发育缓慢的红树林不同，互花米草具有强大的繁殖能力。20世纪70年代引进时，看中的是它固定沙滩、保护堤岸的能力，结果它却无限制、大范围、大面积蔓延，使整个滩涂受到破坏。原产自美国东海岸的互花米草在我国是典型的外来入侵物种，它具有粗壮有力的地下茎、短而细的须根。与红树林为水生物提供了优越的生存环境不同，互花米草剥夺了许多生物的生存环境，原有的滩涂植物、鱼类、底栖动物和鸟类失去了家园，种群数量锐减……这警示我们，在为生态环境进行规划时，不能不慎之又慎，更不能忽视不容触犯的自然法则。

互花米草之害，在全国沿海各地都有发生，而在福建特别严重。据统计，福建互花米草侵害面积达到9924公顷，占全国互花米草侵害面积的29%。有着旺盛生命力的它，成为海岸带整治中的重点和难点。福建整治互花米草的措施仍在试验中摸索，目前主要有物理和化学两种手段。物理手段是以机械将其连根拔除，清除彻底但成本居高不下，化学手段则是喷洒抑制剂，成本较低但难免对环境产生不利影响。虽然举步维艰，但整治仍然取得了一定成效。

在泉州修复试点，原本被互花米草侵害的滩涂在清除后种植了7500多亩红树，成为东南沿海人工种植红树植物面积最大的区域。郑福来说："互花米草整治完一定要利用，否则滩涂仍旧没有价值。我们清理完一片互花米草，一部分面积种植红树林发展旅游和林下经济，另一部分还原成滩涂进行养殖这样的思路来操作。"

再来看看与人类生活关系更加密切的渔港。在这里，你会看到或大或小、数目众多的渔船上，除去捕鱼必备的设备外，还设有简易的卫生间等。可别小瞧这小小渔船所生产垃圾的影响。就在几年前，福建很多渔港给人的印象是海里到处都漂着垃圾，又脏又臭。福建的海岸曲折率（海岸线实际长度与直线长度的比值）很高，造成了海岸多海湾，肚子大、出口小。这样的地形使水的流动循环减慢，进而削弱了海水的自净能力。渔港中的垃圾如果不及时清理，就很难自然消失，堆积在港口中，形成脏乱差的环境，进而影响海洋整体生态环境，损害渔业生产力，甚至危及船舶的航行安全。

2009年以来，福建对全省191个中心渔港及一级、二级、三级渔港全面进行环境整治。渔港和近海养殖区域中出现了清洁船的身影——它们定期出航，收集生活

记者正在了解当地气象部门为生态建设提供服务保障的情况
汤珺琳 / 摄影

垃圾和海表油污，并统一运到陆上处理。如今，79%的渔港景观整洁，水质清洁，无淤积，水体环境和通航安全都得到了保证。

如今，福建的互花米草整治与渔港环境整治都已迈上正轨，而对沙滩的修复则刚刚提上日程。福建有沙滩141处，得到保护和开发的只有20多处。宝贵的沙滩资源正在日渐流失。沙滩的流失有很多原因，非法、无序采砂是其中的重要因素。沿海砂矿中富含的稀有矿产资源诱使短视者争相开采，在海水的不停冲刷下，沙基、岸线都会被侵蚀，等待沙滩的结局将是彻底消失。

郑福来考察过许多沙滩，在霞浦高罗沙滩，由于保护力度不够，沙基已经露出，岸线被侵蚀，露出了石头。"像这样的沙滩，如不抓紧保护，几年后就消失了。"他痛心地说。

为了解决这些问题，《福建省滨海沙滩保护利用规划》正在紧密编制过程中。这将是全国第一部专门针对沙滩制订的修复规划。整治措施包括打击非法采砂、污水截留、配套沙滩环境保护设施、沙滩垃圾整治、退养还滩、防护林种植和修复、景观改造等。社会资源的引入将是这部规划的重要内容。

正如大自然创造出的许多相互包容、难以划定明确界线的事物一样，陆地与海洋并非泾渭分明。在两者的过渡地带，2215个海岛点缀在福建沿海，如同一串明珠。在日渐兴起的海岛开发浪潮中，生态保护总是被放在最重要的位置。

让生态保护成为海岛发展的前提

"平潭岛，平潭岛，只长石头不长草。风沙满地跑，房子像碉堡。"今天造访平潭的人，已经很难再看到这句童谣中所描述的荒凉景象。

平潭位于福州市东南部海域，以最大的海坛岛为核心，包含126个岛屿，是距离台湾岛最近的海岛。在这里工作多年的平潭综合试验区交通与建设局园林工程师刘风棋告诉记者，以前，平潭岛常年受海风吹袭，山头只有巨大的花岗岩。风力摧残，加之土地以砂土为主，这里绿色植物稀缺，放眼望去一片荒芜。为了防御强风，这里的民居全部就地取材，以花岗岩建造，辅以极窄的门窗。

但现在，一切都变得那么不同，路边、山上，各类树木生机盎然，视野中充盈着绿色。刘风棋说，从风沙满城到绿荫遍地，平潭经历了艰难的改造过程。20世纪

60年代，平潭开始引入抗风树种木麻黄，经历数十年持之以恒的种植，形成防风带。但单靠木麻黄，无法从根本上改变平潭生态单一的环境，特别是贫瘠的砂土土质，鸟类也难以在这种高大的树木上筑巢。于是，平潭人尝试使用工程建设过程中挖出的黄土代替砂土用来种植林木，另外，使用有机肥改善土壤有机质，并尝试收集本地养鸡场的粪便，经过发酵掺入土壤中来提高肥力。土壤改善了，树木却依然很难存活，这是海风不停侵袭导致的。为了防风，平潭人想尽了办法：用四角支架固定树干，在灌木林中架设一层层防风罩。据刘风棋介绍，这些措施需要在树木栽种后维持3年，才能确保树木成活。

经过不懈的努力，平潭种植苗木的存活率已达到90%以上。这些年来，平潭先后引进几十种适合生长的乔木、一百多种灌木。树木丰富起来后，鸟类种群也跟着兴旺起来，这又使得树木病虫害减少。一条良性的生态链在这座原本荒芜的"石头城"中逐渐形成。

在平潭规划馆，生态格局导引图被放在重要位置，三大城市组团被绿色的生态屏障环包围，其中还插入带状的生态绿楔。平潭综合试验区招商局副局长徐顼表示，生态建设与保护既是平潭所有开发规划的前提，也是必须严守的底线。

作为2000余座海岛中的一员，平潭的开发建设是整个福建海岛生态保护与开发工作的一个缩影。《福建省海岛保护规划》将海岛分门别类，列出340个特殊保护类海岛、1242个一般保护类海岛和532个适度利用类海岛。对于利用类海岛，福建采取尽可能谨慎的态度，以单个岛为单位制订发展保护规划，进行功能分区，明确海岛保护对象和保护措施。粗放的、低层次的开发活动，如填海连岛、炸岛炸礁、采挖砂石等被严格禁止。海岛是一片充满希望的土地，如同一张白纸。在经历了生态破坏和环境污染带来的恶果后，人们不会再走先污染再治理的老路。

如今，福建近岸海域优于一、二类水质的比例达到65.1%，所有海域则达到85%。根据监测，福建海洋生态环境向着稳步略有提高的方向发展。守护住这来之不易的生态改善成果已经不易，在此之上更进一步、达到美丽海洋的愿景更是任重而道远。

乌山天池：保护走在开发前

"清新福建，上水乌山。"在闽南语中，"上水"一词意即最美丽、最漂亮。用这样的形容词来修饰正处于开发进程中的漳州市云霄县乌山风景区，体现出当地人对乌山美景的热爱。2015年11月28日，常山华侨经济开发区（地处云霄县境内）副调研员张天宗，带领"绿镜头·发现中国"福建行采访团，走进充满原始风貌的乌山，领略了一番自然天成的美景。

乌山属花岗岩地貌。在我国，典型的花岗岩地貌景区包括黄山、泰山等世界名山。而乌山别具一格，其750米的海拔高度上，出现了一个面积达800亩的大型湖泊——乌山天池。在不易存蓄水的花岗岩地貌中，这样的景观十分罕见。大块的石山与大面积的湖水交互，形成一道独特的风景线。

在乌山天池的曲折山路上，不时能看到开着越野车前去一探究竟的"驴友"。在他们眼中，这片还未经过彻底开发的土地保留着山水的原始风貌，是难得一见的景致。他们担心景区开发之后，会失去原有的自然风韵。

俯瞰乌山天池
刘钊/摄影

对此，云霄县气象局局长洪爱民认为"驴友"有些过虑了。云霄气象部门与景区合作多年，在此建有自动观测站，拥有多年的观测数据。洪爱民说："景区从准备建设至今，并未对生态环境造成破坏。与之相对的是，此前居住在乌山附近的村民乱砍滥伐，树木一度被烧光，使得乌山气候异常，留下了38 ℃的极端高温纪录，降水量也下降很多。景区确定以来，经过长期的修复与保护，乌山回归到冬暖夏凉的怡人气候。"如今，景区年平均气温为21 ℃，年平均降水量达到1800毫米，植被覆盖率也恢复到87％。此外，气象部门还积极投入到景区的建设中，在景区增设自动站、安装气象信息显示屏等工作均已提上日程。

"景区在规划之初，就确立了一个原则，即一切以自然生态为先。"张天宗说。为确保乌山的自然风貌能够最大限度地得到保留，景区的各项建筑计划大部分设在景区外围地带，景区内仅建设用于观光、游览的步道。游客进出乌山将统一乘坐观光车，严格限制车辆出入。森林景观基本不进行改造。

2017年，乌山天池景区即将试运行。谈及游客增加必然带来的环境压力，张天宗表示，有压力是必然的，景区希望以最高标准的生态保护措施和管理手段，感化每一位来访的游客，使其在看到优美的自然环境时，自觉进行保护。

乌山的花岗岩地貌：大象石
刘钊/摄影

2015年

一溪碧水的两面
——记武夷山九曲溪山洪防治

九曲碧水，两岸青山，一只竹筏。漂流于武夷山九曲溪上的人们，很难不为这里满目的美景和迎面的清风所陶醉。竹筏漂流是武夷山旅游的主力军，也是附近许多村民赖以生存的经济基础。然而正所谓"水能载舟，亦能覆舟"，不时发生的山洪，成为这片美丽的山水面临的最大威胁。

集雨区大造成山洪多发

山洪一旦到来，平时"温驯善良"的溪水就变得异常可怕，显露出它暴烈的另一面。很多年来，山洪一直是九曲溪筏工胡荣幸最担心发生的事之一。胡荣幸回忆道："水涨起来，我们就要提前停排。不仅是白天业务要暂停，有时半夜收到通知，也要爬起来收排。"

据武夷山世界遗产保护监测中心高级农艺师周艳分析，地势是九曲溪山洪多发的主要原因。九曲溪是武夷山的主要河流，它的上游有数量众多的支流，集雨面积高达800多千米^2。一旦雨水降下，大部分都会汇集到九曲溪中。此外，武夷山水系属于放射状，河流面窄，河床中多砾石，是典型的山地型河流，其特点是坡降大、水流急、水量充沛。如此大的集雨面积，再加上山高、溪流落差大，一旦下雨，九曲溪水位上涨迅速，就极易造成山洪灾害，不仅影响竹筏漂流的安全，还对周围农田及乡镇造成很大的隐患。

2010年是近来九曲溪山洪暴发最多的一年，许多筏工都对此有着深刻的印象。那年6月，随着山洪暴发，九曲溪溪水骤涨10余米，游客被困山中，变成了"游"客，导游则变成了真正的导"游"。

监测系统成为景区依靠

在竹排码头的水泥台阶上，多年前刻上的"191.15"已经不再清晰。据武夷山旅游发展有限公司竹筏分公司副经理汪延烽介绍，这是此前用于监测水位的土办

武夷山九曲溪码头
汤珺琳 / 摄影

法。"我们设计了两个水位,到达其中较低的一个时就要限流,限制竹筏的运营数量,而到达其中较高的一个时,就要全面停止运营。"

靠设在码头上的简单标识来监测水位,不仅不够科学,更不够及时。2003年,武夷山市气象局为九曲溪建设了一套雨量与水位监测系统。自此,竹筏漂流调度有了可靠的依据,筏工们也不必半夜爬起来收排了。同时,这一系统也填补了政府防汛部门在该区域水情监测资料的空白。

九曲溪雨量与水位监测系统的设计者、武夷山市气象局工程师周方君告诉记者，这套系统建成后，于2011年进行了一次整体升级改造。如今，系统包含12个雨量与水位监测站，分布在九曲溪流域的各个角落，以监测不同段落的水情变化。站点采用太阳能供电，采集到的数据通过自主设计施工的VHF无线通信网络传回气象局。此外，在竹筏公司和市防汛办，都各自设有数据的接收系统，可以同步看到实时的监测数据。

在汪延烽看来，这套系统已经成了竹筏漂流正常运行不可或缺的依靠。就在11月20日前后，由于景区线路改造，竹筏公司停电，无法直接看到监测数据。汪延烽只好与气象局沟通，后者每小时向竹筏公司传送一份最新数据，漂流业务才得以顺利运转。由于风力对竹筏的行进、操控同样有很大影响，汪延烽还寄希望于气象部门在这套系统中增加对风的监测。

不过，如果你作为一名游客来到九曲溪，可能很难发现默默保护着你的监测系统的身影。一方面，很多站点位于上游的保护区内，游客无法进入，另一方面，监测站经过精心设计，建造成仿真树的形状，藏身在青山绿水间，与大自然融为一体。

正在变化的山洪

陈佳是九曲溪竹筏漂流的"明星员工"，在这里工作已有17年之久，经历了九曲溪的种种变化。在她看来，近几年的山洪和以往有些不一样了。"以前山洪来了，涨水要持续几天，退水也要好几天。这几年水来得快去得也快了。"

有一种看法是，这一变化和茶山的开发有关。在九曲溪上游的保护区内，有32个居民点，很多居民以种植茶树为生。由于茶树的水土保持功能较差，茶山是很难留住水土的，过去水涨了，流下来弯弯绕绕，会耽搁很长时间，开发成茶山之后，水很容易一泻而下。

不过，武夷山国家级自然保护管理局办公室主任方福清认为，虽然种植茶树有着巨大的经济效益，但武夷山对开发茶山的管控是十分严格的。凡是合理开发的茶山，都会遵循"山顶戴帽、中间腰带、山下穿鞋"的种植模式，即在山顶、山腰、山下保留森林植被，以涵养水土，防止流失。

周艳也表示，山洪在武夷山更多地是以"自然环境的一部分"这一身份出现，由于保护区内植被类型多样，森林保护完好，山洪并未对整体生态造成过严重的破坏。

无论如何，九曲溪山洪的性子已经变得更加急躁。这增加了预报的难度，也对监测和响应的及时性提出了更高的要求。此外，武夷山本身也存在地形起伏大、土层薄、侵蚀切割强烈，易发生滑坡、落石等特点。如何适应山洪的变化，并通过适当的手段更好地涵养水土，同时确保当地居民和游客的人身安全，是这片土地上人们所共同关心的问题。在这一点上，保护区管委会、景区管委会及各个相关部门应当并肩携手，做出自己最大的努力。

绿镜头·发现中国
(2013—2016)

2016年

广西→天津→宁夏→陕西商洛→辽宁

第一站：广西
"美丽南方"的特色生活

在碧水盈盈的邕江北畔，翠绿的田野间坐落着一座别致的村庄。青砖灰瓦的岭南民居错落有致，悠悠巷陌、亭台池塘，带人走进江南水乡。街头巷尾卖着原生态果蔬的老乡，骑车穿梭于村间的游客，将村落点缀得生机勃勃。

这里，就是位于广西壮族自治区南宁市西乡塘区的忠良屯综合示范村，它还有一个响当当的名字：美丽南方。

"美丽南方"风光旖旎（一）
韦坚 / 摄影

"'美丽南方'这名字,源自作家陆地先生在'土改'时期创作的长篇小说《美丽的南方》,我们忠良村就是小说故事背景所在地。"说起"美丽南方"的起源,忠良村的村民颇感自豪。"家园美了起来,钱袋鼓了起来。"是这里村民最实在的感受。

　　如果是在十几年前,"美丽南方"还算不上名副其实。

　　牛圈臭气熏天、满是脏水蚊虫、生活垃圾到处都是……"那个时候完全想象不到会有现在这样翻天覆地的变化。"忠良村支部书记梁安芝表示。

　　如今的"美丽南方",有设施齐全的现代化运动中心、在建的大型水上活动中心,也有色彩靓丽的玫瑰园、产业化的农业种植园区,以及蕴含着古朴气质的农家乐,游客们可以骑马赏花、农业观光、休闲旅游。

"现在村民一部分是农家乐的老板和经营者,一部分是产业工人,还有一部分是商贩,通过乡村旅游和农产品种植,村民人均年收入可以超过一万元。在节假日,这里每天平均可以有两万到三万的游客,在街头巷尾卖本地水果蔬菜的村民,一天都能有200元的收入。"梁安芝说。

以前,村民还都以种地为生,每年的收入仅够维系一年的口粮。经营农家乐、做产业工人、向游客销售土特产,这些看似寻常的事情当时都是"新鲜事"。情况发生转变是在2013年。那时,自治区政府开始推进"美丽广西"乡村建设,忠良村成为乡村建设的示范点。西乡塘区副区长林拓说:"区政府主要推了两件事:村中改造和村中发展。"

从2013年开始,区政府下大力气来强化村里的基础设施建设,路修通了,路面硬化了,自来水安上了,池塘的水干净了。青砖灰瓦白粉墙的建筑风格,让整个村子文化气息浓厚,悉心的照料更让村庄格外整洁。有了这些基础设施的投入和建设成果,随之而来的是政府推动土地流转,将村民土地流转至大户,通过招商引资形成产业化的经营模式。农民们有的几家合力经营起农家乐,有的通过培训成为产业工人,年龄大的就向游客卖起了土特产,乡亲们都有了新的营生。

"开始的时候,很多人都不愿意流转土地,最难的事就是做他们的思想工作。后来有的人思想工作做通了,去改变了,赚的钱也就多了。看到能通过这事儿赚

"美丽南方"风光旖旎(二)
韦坚/摄影

"美丽南方"风光旖旎（三）
韦坚/摄影

钱，大家就纷纷效仿起来。"梁安芝说。"这其中政府的坚持最为关键，不管是基础设施建设还是产业发展，实际上都不容易，比如农家乐旅游的规划、居民安置，都是政府投资重新修建的房子，保证大家既有工作，又有定所。"

随着建设的不断完善，这里得到了越来越多的认可。在2016年农业部公布的评选结果中，"美丽南方"入选2015年中国最美休闲乡村"特色民居村"。如今，村子发展得越来越兴旺，连外出打工的村民都开始回来谋生。村民们都说，生活好起来了，村里很多人的终身大事也都随之解决了。原来由于生活拮据，很多男子都找不到媳妇，现在相亲介绍的人都快踢破了门槛儿。

"生态旅游"到脱贫致富,哪些准备要做好?

众所周知,我国的很多贫困县都有丰富的旅游资源,如何把这些丰富的资源真正盘活,变成持续性为百姓增收的有力支撑?在实践探索相对成熟的地区,又有哪些可借鉴的经验呢?

广西壮族自治区恭城瑶族自治县在2012年以前还是自治区贫困县,通过"美丽乡村"建设,这里成了备受欢迎的乡村旅游目的地。

"柿叶满庭红颗秋,薰炉沉水度春簧。"4月临近,一路来到恭城县莲花镇红岩村,万亩翠绿的柿树让人心旷神怡。柿饼甘甜、山水幽寂、乡村整洁、瑶文化底蕴深厚,这些构成了红岩村独特的风采。

广西桂林恭城红岩村打油茶
韦坚/摄影

李杏芳是农家乐天佑楼的老板娘，2015年一年下来，店里的收入超过30万元。当被问到为什么收入这么高的时候，她说："这里山好、水好、环境好啊，去年国庆黄金周，我们60多家农家乐天天爆满，平均每家柿饼就能卖出几百斤。"

　　然而，从山好水好到收入高似乎也并非想实现就能实现，这期间到底经历了哪些探索和努力呢？

　　在李杏芳看来，首先就是乡村风貌的变化了。

　　"户型简陋、朝向不一、杂乱无章，垃圾靠风刮，污水靠蒸发。"这是以前包括红岩村在内的很多广西村落的风貌。如今，红岩村房屋整齐，保持着村庄传统格局肌理，展现着丰富多彩的民族、乡土建筑特色，路面整洁，几乎不见垃圾踪影。

　　风光好了，看上去也就舒服了。而高科技内涵的处理手段，是让垃圾消失的主要原因。

广西桂林恭城县红岩村

丁灏 / 摄影

广西桂林恭城平安乡黄岭村风貌
韦坚/摄影

据恭城县副县长刘有文介绍,在红岩村进行"清洁乡村"开发建设时,首先就是考虑到了污水处理系统的建设和布局,以及垃圾回收站的建设,这让生活垃圾得到了妥善处理。目前全县规模养殖快速发展,存栏100头以上规模的养猪场128个,30头以上规模的养牛场12个,年出栏2万羽以上家禽的养殖场120多个,水果种植面积48万亩,沼气池技术的发展和管理模式的创新,不但妥善处理了这些生产垃圾,还变废为宝,成为用户主要的生活能源。

"从20世纪80年代开始全县就开始大力推广沼气建设,通过沼气技术的升级,串起垃圾处理、居民生活的方方面面。后来,由于农民精力有限,规模化种植养殖的发展,为了更好地强化对沼气的管理,农户基本与沼气公司签订服务协议,以'全托管'模式进行沼气管理,即家用沼气全权委托沼气公司管理,负责沼气池的进料、出料及日常维护,这样养殖场排污难、农业缺少有机肥的问题都得到了解决。"刘有文说。

除了风貌的转变,专业合作社形式的月柿种植,既让村民有了更高收入,也让红岩村作为旅游目的地有了更多的内涵。

恭城县副县长叶勇向记者介绍,经济作物种植是全县经济的主要增长点,以前农户更多是在"单打独斗",效益不高。后来,政府组织种植户形成专业合作社,在统一组织下进行作物种植,效益就好了起来。

"农户都是专业合作社的成员,作物种什么怎么种,怎么规避灾害,到每个节点该做什么,政府都会进行引导,同时也会对农户进行培训,有了统一的标准,作物的品质和收益都会高很多。"叶勇说。

县农业局副局长黄艳芳介绍,合作社的组织模式对气象服务的需求也会更高,"什么时候做什么基本都是看天行事,因此,需要更加精准的气象预报。目前气象、农业部门已经建立了良好的合作机制,在趋利避害防灾减灾方面都取得了很好的成效。"

广西桂林恭城平安乡黄岭村沼气使用模型
韦坚 / 摄影

在阳朔，休闲农业与乡村旅游的探索也一直在进行，支撑其发展的也是基础设施建设的完善和科学技术的应用。

赖玉梅是阳朔县金橘协会理事会理事长，也在百门镇蕉芭林村经营着自己的金橘园和金橘生态休闲带，每天都有不少游客前来观光采橘。她介绍，这里发展起来的根本原因，是金橘种植技术的提高。"三避"技术是金橘种植提质增效的技术助力。

"三避"技术即通过剪植、支架、盖膜，让金橘避雨、避光、避寒。赖玉梅介绍，金橘的生长对气象条件要求很高，比如因其皮薄质脆，在成熟期遇小雨就造成裂果，伤口感染病菌后落果，对产量影响极大，暴晒、低温也都对金橘有致命威胁。盖膜后，果实接触不到雨水，减少了裂果、落果，也可以避晒、避寒。同时，金橘树冠盖膜后，树冠内昼夜温差大，有利于糖分转化，促进着色。此外，树冠盖膜后，也可控制温度，抑制病虫害，减少农药的使用。

由于品质的提高，这里的金橘市场批发价格已经由原来的每千克2~3元提高到了8~12元。

"整个金橘种植过程对气象服务的需求也特别大。盖膜这事说起来容易，但快速地把千亩金橘都盖上膜，就没那么容易了，人工成本也很高，因此，特别需要气象部门对转折性天气做出准确预报，以及气象防灾减灾机制的不断完善。"赖玉梅说。

实际上，从2009年开始，蕉芭林村所在的百里新村就成了气象为农服务两个体系建设的试点。围绕着观光旅游和特色农业，气象部门建设了自动气象站，安装了防雷塔，凝练了相应的技术标准，建设了气象服务站，安装了电子显示屏和大喇叭。同时，鉴于转折性天气的预报难度大，市县联动的预报服务机制也在不断完善。这些都为金橘的种植和观光旅游提供了有力支撑。

广西乡村：守着绿水青山　摆脱了穷日子

保护好生态环境，绝不是让老百姓守着山水没饭吃。如何将生态优势转化成经济优势，让老百姓从绿水青山中享受到更多经济实惠？

2013年12月，广西壮族自治区党委常委会通过《美丽广西乡村建设重大活动规划纲要（2013—2020）》，决定从乡村建设入手，用8年时间，分清洁乡村、生态乡村、宜居乡村、幸福乡村四个阶段推进美丽广西建设，从环境综合整治、基础设施建设铺开到发展生态经济、塑造乡村文化等方方面面，探索欠发达地区改善农村人居环境的新路子。

那么，靠着生态致富的这条路到底怎么走，广西基层又做了哪些探索呢？

广西乡村俯瞰
丁灏/摄影

整洁的家、清洁的水、现代化的田园

对于广西18万个自然村落来说，过去因为穷，也因为观念落后，不良的村容环境破坏了山水环绕的惬意。

"大大小小的'火柴盒'民居充斥乡村，户型简陋、朝向不一、杂乱无章，垃圾靠风刮，污水靠蒸发。"这是广西多数村民从前对家园的印象。

广西壮族自治区党委办公厅二处副处长彭书华说，过去在农村地区，垃圾围村、垃圾进田、垃圾上路、垃圾入河等问题特别突出，尽管自然和气候环境宜人，但人居环境很差，村民生活窘迫。

"没有美好的家肯定留不住人。由此，自治区党委决定从改善人居环境出发，推进美丽乡村建设，建设新农村、发展新产业、培育新农民、打造新风貌。"彭书华说。

如今走在恭城瑶族自治县红岩村，硬化路面上，每隔一段就能看到立着的垃圾桶；在村里的道路上，时而还能看见清理卫生的保洁员，整个村庄整洁秀丽。

不仅是红岩村，在恭城各地，整洁的环境、高标准的污水处理装置和成熟的沼气系统几乎成了标配。在恭城，10任书记、8任县长换届换人不换思路，"一张蓝图绘到底"，传承"绿色接力棒"。在红岩村开发建设中，首先考虑到的就是污水处理系统的建设和布局，以及垃圾回收站的建设。这里有污水处理厂，有串起了全县生态产业链的沼气池，让种植养殖和生产生活垃圾得到了妥善处理。

借着美丽乡村建设，广西各个县都组建了保洁员队伍，成立了清洁乡村自治组织，制订了清洁乡村村规民约，配备了垃圾收集、转运设备，建设了垃圾、污水处理设施。目前，广西村落垃圾处理率达到93.1%，每个地方每个村都有垃圾处理的设备、机制和人员。

村民们感慨，过去"河水当肥用，垃圾堆成山"，如今"河水能洗菜，垃圾分类卖"。

家园环境好起来了。随着生态乡村建设的开展，全区近5万名"美丽广西"乡村建设（扶贫）工作队员常驻基层一线，绿化村屯、净化饮水、硬化道路，加大农村生活垃圾处理设施建设力度，对重点河流加强整治，不断完善道路、饮水等基础设施。截至2015年底，全区111个县（市、区）有75个基本完成"村收镇运县处理"试点区域内乡镇垃圾中转站建设，预计2016年底将共计完成2000个村屯垃圾综合处理示范村建设，城镇污水处理率和生活垃圾无害化处理率将达80％以上。300多万人的饮水问题将得到解决。

生态乡村建设，不仅是让家整洁起来，在房屋建设上更融入了古朴的文化内涵，让家具备了景观的功能。许多村落呈现"村在林中、院在绿中、人在景中"的乡村生态格局。民居运用传统的白粉墙、小青瓦、坡屋顶、马头墙、花格窗、福寿元素等乡土符号，不仅能住人，而且有韵味、有特点。

迎来新环境、具备好基础，"小拼大"拼出新机遇

曾经，山村奔小康只有一条路：离开大山出去闯。但随着乡村具备了发展生态旅游的能力，都市里的需求与绿水青山相连接，产生了旺盛的旅游需求。

忠良屯村支书梁安芝回忆说，以前务农收入低，村里的年轻人都出去打工了。现在随着村里发展生态旅游，很多打工的人都回来了。他自己，从2005年前后就开始做农家乐，但一直没什么效益，现在大环境好了，他的农家乐生意也红火了起来。

西乡塘区副区长林拓说，区政府做的主要工作是村中改造和村中发展，帮助村民建设好水、电、网络等公共基础设施，改造房子，引进最先进的技术净化水源。路修通了，路面硬化了，自来水进家了，池塘的水干净了。有了这些基础设施的投入和建设成果，当地政府推动土地有偿流转，将"散着"的土地整合处理，统一规划，招商引资发展产业。

不仅在西乡塘，"将村民自家闲散土地流转给当地农业开发公司从事规范化经营管理"这个思路在很多村庄都取得了不错的成效。

韦云是马山县古零镇乔老村小都百屯的村民。2015年之前他在富士康公司干了6年，听闻家乡发展生态观光农业之后就回来了。现在小都百屯子里引进当地旅游公司投资建设并开办的农家旅馆，以"公司+农户"的模式发展农家乐。韦云等一大帮村民办起了农家旅馆，经营农家餐馆，销售自家生产的农特产品，还开发了自行车游览及水上娱乐项目。

有人依托政府支持致富，有人则结合了政府创造的机会与自身优势辛勤打拼致富。在来宾市金秀瑶族自治县长垌乡滴水村，当了14年乡村医生的全桂莲几年前突

广西马山小都百屯航拍
丁洪 / 摄影

然"失踪"。两年后,她带着经营农家乐的本事回来了。"这里附近有两个AAAA级景区,2012年政府又修了公路,我就觉得,公路开通之日,就是经济腾飞之时。"她拿出积蓄,投资20多万元办了个农家乐。现在,她不仅自己富了,还成立了休闲农业与乡村旅游专业合作社,带动当地瑶族村民一起致富。

在马山县,古零镇弄拉屯已经成了石漠化治理的典范。曾经的大规模砍伐让山都成了毫无生机的"荒漠"。经过几代人的改造,这里才逐渐恢复了生机,并逐渐形成"山顶林、山腰竹、山脚果药、地上粮桑"的立体生态发展模式。后来,在外打工的李荣光看到了这里的发展潜力,在政府的支持和村民的配合下,投资建设景区。他们成立了生态旅游专业合作社,村民们贡献土地,合作社集中规划经营,如今度假区初步建成,2015年村民人均纯收入超过了1.1万元。

实际上,作为旅游目的地来说,仅依靠农家乐和乡村休闲还很难提供更丰富的旅游体验。在广西,天然生态果蔬产品是吸引城市游客的大卖点。在恭城、荔浦、阳朔等县,人们因地制宜种植月柿、砂糖橘、香蕉、金橘、高山茶等,将农产品与旅游相结合，产生了"1+1>2"的效果，一条旅游休闲农业观光的生态产业链正在形成。

借科技提品质，升级模式出效益

"尽管广西全年的降雨量不少，但由于喀斯特地貌往往留不住雨水，所以还是很旱。"广西壮族自治区气象局局长刘家清说。过去，由于自然条件不好，种植方式低效，靠天吃饭的农业不赚钱。经营方式的转变，生产技术的提高，以及气象、农业和旅游等各方面的保障机制逐渐完善，让曾经靠天吃饭的农业发生了大变化。

蒋建文是恭城县西岭乡朝川合作社理事长。2010年，县政府在他的合作社试点开展1000亩恭城月柿标准园项目，用标准化的方式种植月柿。试点的结果让他自己都不太敢相信：通过统一技术、统一用药、统一采购，每亩节约成本210元左右，农药残留还降低了。以前每亩地喷农药要用500千克水，现在只要350千克。每亩增产1034.7千克，平均果价增加0.45元/千克。最后整体算下来，每亩能比以前多赚3681元。

"合作社的经营模式就是把大家的力量组织起来，什么时候该做什么、怎么做，则需要统一的指挥和安排。我们把人员组织起来共同学习技术，一个人学会再教其他农民，效果很好。此外，当地政府组织专家对月柿种植进行科学研究，在剪枝、施肥等方面建立统一标准。我们把所有信息整合到专有信息平台上共享，只要是登录到这个平台，预警信息、种植技术、市场信息，什么都看得见。这样，效益就高多了。"蒋建文说。

香蕉是隆安县的龙头水果。在广西金穗农业集团有限公司的产业园，万亩香蕉树连绵不绝，却鲜能看到在地里耕作的人，塑料管道纵横铺设绵延在地里，自动气象观测站立在旁边。

据该公司技术总监李保深介绍，公司采用的是当前国内香蕉行业领先的水肥灌溉一体化技术，浇水施肥都通过这些管道同时进行，每40厘米一个孔，每个孔的流量是每小时1.6升。控制好时间即可把每株香蕉树用水量控制得非常精准。就连每一株香蕉要在哪天施肥，施多少肥，也都可以精准到克。这不但节省人力，实现一人浇灌2000亩，而且每年能节约成本1500万元左右。

广西隆安县香蕉种植园区蕉林俯瞰
丁灏/摄影

公司化经营模式的实现则有赖于政府的大力推动。"把周边农户的土地先承包过来，按照小块、大块整理好以后，再由农民返租回去。"隆安县副县长翟珊妹说，这是当地"统租分包"的土地流转模式。农户在坐收土地租金的同时，还可以到公司务工，获得"地租+承包工资"的收入。

在来宾，甘蔗种植同样以规模化的形式进行。在兴宾区凤凰镇黄安甘蔗生产基地，9个农民自发成立合作社，将分散的土地整合后统一规划，将原来不平整的土地填平，实现耕作与收割机械化、水利现代化、经营模式化。如今，基地合作社已经覆盖了286个农户。由于甘蔗在生长过程中对雨水要求极高，来宾市气象局制作了甘蔗种植区划图，提出不同地区种植甘蔗的可行性，进行蔗糖量测定和产量预估。

从环境整治到生态产业腾飞，把生态优势转化为产业优势

良好的生态就是广西的"金字招牌"。

"随着消费观念的转变，很多产品的定价依据早就不是它的成本，而是其本身带有的符号意义。比如一瓶普通的矿泉水，成本可能就一块钱，但当水被赋予更多内涵后，它的价格就会翻好几番。公众认可的，不仅是品质，更是它的品牌。"彭

书华说,"既然广西生态的金字招牌这么响,未来我们要着重发展的,也就是广西的生态品牌了。"

对于公众来说,数据是最有说服力的文化符号,而品牌的建立需要数据的支持。"都说这里负氧离子含量高,那么到底高到什么程度呢?目前,气象局和林业局合作建立了观测站,共同对负氧离子进行观测,提供数据支撑。再比如,作物生长的好坏与天气气候密切相关,如果有详细的作物生长气象数据,也能为品牌建设提供支撑。"刘家清说。

金秀县旅游局局长李雪认为,品牌要响就需要形成合力。对于旅游业来说,形成合力的一个关键就在交通上。"交通方便了,去哪儿都会方便。这样游客来了,参观到的就不是一个点,而是整个面,生态旅游的内涵就丰富了。"彭书华则表示,"广西未来的思路,也正是打造一条线的旅游,让游客体验到更多壮乡的风情。"

除了品牌外,思想认识是总开关。要让农民群众真正认识到好处,让他们真正投入进来,就必须转变思想。而这也是广西各级政府此前推进起来最不易的地方。

"思想的转变,是最为不易的。让人们看到实在的好处,看到希望,转变起来就容易了。农民的思想动了之后,政府要做的就是把顶层设计做好,把规划做好,把管理工作做好,给百姓一个放心的创业环境。"马山县古零镇镇长陆辉说。

"我们主要是跟乡亲们交流沟通,让他们看到发展旅游的潜力,然后通过入股的形式,对我们的旅游产业进行支持。这里的入股当然不是钱的入股,主要是土地和山林。他们入股之后,我们就一起统筹谋划生态旅游产业的发展方向,让他们也参与进来。"弄拉旅游合作社监事长李荣奎说。

除了这些,广西美丽乡村的建设发展还面临垃圾污水处理终端处理技术的顶层设计问题,还有资金问题,这里需要建立市场机制与企业对接,搭建社会融资平台,需要政府做好各方面规范、标准、要求。同时,无论是旅游,还是农业,都需要各方面的保障。广西多山,小气候复杂,一旦突发强对流天气,或出现山洪,就会给山区游客带来很大安全威胁。在水上旅游项目多的地区,一旦发生洪水,不早做准备,就会威胁生命安全,带来经济损失。气象灾害防御也是农业生产不能避开的话题,应该有更好的保障措施和途径。

前路尚漫漫,但在如今的广西乡村,生态经济活力让人们看到了更多的希望。

医好"地球之癌",绿了山林,富了老乡

很多人对荒漠化并不陌生,但若提起石漠化,就不那么为人所知了。石漠化也像荒漠化一样,会让很多美丽的地方失去生机,让"一方水土养不活一方人"。

石漠化是喀斯特地区土地退化的极端形式,由于地表植被遭到破坏,山体水土流失严重,土地资源丧失,导致山上寸草不生,光秃秃成为山石"荒漠"。世界环保专家称之为"地球之癌"。我国就是世界上石漠化最严重的国家之一。

石漠化主要发生在湿润半湿润的可溶岩地区,广西是我国石漠化最严重的地区之一,石漠化土地3500多万亩。从前,南宁市马山县古零镇古零村弄拉屯就是石漠化地区的典型。自2007年开始,经过细心的保护和科学的开发,这里不但成为广西石漠化地区治理的样板,农民们也通过绿色资源的开发富了起来。

左:"绿镜头·发现中国"采访团队了解弄拉石漠化治理情况
丁灏/摄影

右:弄拉治理石漠化的立体生态发展模式
韦坚/摄影

"原本这里是郁郁葱葱的,1958年大炼钢铁,200多人的民兵连背刀扛斧,砍伐两个月,弄拉25个山头的树木被砍得精光。"提起那段时光,屯里的老人都有深刻的记忆。没了树木,山体也就没有固水能力,水土流失非常严重,山体寸草不生,大家常年过着穷日子。

村民们意识到问题严重性的时间并不晚,从20世纪60年代末开始,他们便形成了"管住砍刀"的共识,不砍柴,植树造林,有组织地恢复山林。

古零镇镇长陆辉向记者介绍,从那时起,先是规定平时村民需要上山砍树的,必须先种下树苗,同时,在山腰种上毛竹,保持水土。但生活还是需要柴火,后来,在当地政府的引导和帮助下,弄拉屯通过建起省柴灶和沼气池等设施给林木减压降负。为了增加收入,农民们在山脚遍种果树、中草药,在适宜种粮的地方种粮,形成了"山顶林、山腰竹、山脚果药、地上粮桑"的立体生态发展模式。

弄拉风光
孔毅民 / 摄影

"正是一代又一代人的努力，让这里恢复了生机。"陆辉说。

尽管山林绿了，但屯里可耕作的面积很小，收入自然也不高，为此很多人选择了外出打工，在2008年，村民年人均年收入3500元。2015年，村民人均年收入超过了1.1万元。这里山林绿了，乡亲富了，这不得不提起一个人——李荣光。李荣光是土生土长的弄拉人，20世纪80年代便外出谋生。当他2007年再回到村里，看到贫困的家乡和乡亲后，便生发了带领大家共同富裕的想法。

实际上，经过修复的弄拉植被覆盖率很高，是"天然氧吧"；夏季温度23～24 ℃，气候十分宜人；山峦起伏，也有很好的观光景观。经过实地调研，李荣光决定以生态旅游为突破口，带动这里经济的发展。

"我们成立了生态旅游专业合作社，李荣光作为合作社理事长统筹谋划生态旅游产业的发展方向。"合作社监事长李荣奎说。

"无边绿海为怀抱，万座青山是乐园。"现在，弄拉旅游度假区已经初步形成，2016年春节，接待游客的数量超过60万人。

"现在很多旅游休闲设施都处在建设过程中，产业还远谈不上成熟。未来，我们将进一步挖掘这里的潜力，进一步丰富旅游的内容，比如建设负氧离子疗养院、扩大经济作物种植规模等，让这里真正成为内容丰富的生态旅游目的地。"李荣奎说。

第二站：天津
北大港湿地：挑剔鸟儿的中意之地

鸟的细微举动，在高倍望远镜下纤毫毕现。天津北大港湿地自然保护区管理中心野生动物监管科的姚庆峰从事这份职业已近4年。他手里经常拿着一只高倍望远镜观察这些鲜活的生命，将自己融于这水天相接的大美生态中。

北大港湿地红草滩秋色壮美如诗
马井生 / 摄影

北大港湿地秋色
马井生 / 摄影

2013年的寒冬,他和同事在一次巡护中看到湿地那头有两个黑点,用望远镜对准一看,才看清是两只受伤的大雁。水很凉,齐腰;冰却很薄,人走一步,冰碎一片。姚庆峰拿着竹竿,涉水走向对面,将两只大雁抱了回来。

他说,也许是对湿地环境不遗余力的保护行为,让鸟在这个地方有了安全感。"以前的鸟没那么多,现在越来越多了,尤其是东方白鹳。"他给出了数据,"2013年,这里的东方白鹳有800多只,2014年有900多只,2015年有1160只,逐年在增加。"到了附近的观鸟屋后,他又给出了数据:"天鹅和人之间的距离,由原来的20米缩短到了15米,我们的目标是能实现'零距离'。人把自然环境保护好了,动物自然就不怕人了。"

总面积34887公顷的北大港湿地自然保护区,在这个季节似乎略显冷清。环视周遭,鸟类并不多。并非它们不青睐此地,而是时节未到。世界八大候鸟迁徙主要通道之一的东亚—澳大利亚路线途经此地。湿地管理中心办公室主任吴鹏告诉记者,这些鸟对环境很挑剔,如果生态指标达不到要求,它们会另择他地。

北大港湿地是被"挑中"的那个。作为天津面积最大的湿地自然保护区,此湿地具有生物多样性丰富、生态系统完整的典型特征,有记录到此迁徙栖息的候鸟249种,其天然性、原始性、独特性和不可替代性,在我国东部沿海乃至太平洋西岸都位居前列。

北大港湿地一景
马井生 / 摄影

"全世界的东方白鹳有3000余只,咱们湿地去年就发现了1000余只,差不多占了三分之一。每年,有近百万只候鸟在这里停歇。在开发方面,我们更注重控制性开发,保持湿地的原真性。"吴鹏说,保护好这块湿地,形成示范效应,对于建设美丽天津具有重要意义。

较高的站位,反而让湿地里的工作者放低姿态,从鸟的角度出发,探寻它们的需求。比如有的鸟类喜欢植被,再给它种点植被;有的鸟更喜欢小岛,就建起岛状的格局。当前,以人与自然和谐相处为主旨、以鸟类保护为核心、以湿地保护为重点、以观鸟保护为特色的这一国家公园的建设,还在做着总体规划:投资800万元,实施天津北大港湿地与野生动物保护工程,建设多个监测站点、瞭望塔,第一批数字化湿地监控系统已投入使用;投资300万元,实施天津市北大港湿地保护与恢复建设一期工程,完成部分界碑、界桩、指示牌、警示牌、标志牌埋设工作;实施480亩芦苇恢复项目,多部门协作实现东方白鹳人工干预筑巢;生态补水333万米^3,湿地生态环境持续改善,整体生态系统结构进一步优化。

湿地工作人员也会和周边村庄里的居民聊天,以通俗易懂的方式讲解湿地的重要性,增强他们保护生态环境的意识或纠正他们的行为:"麻雀小不小?一只很小。但只要你捕20只,就可能判3年以下有期徒刑,被拘役、管制并处罚金;你要打了50只,就是5年以上、10年以下有期徒刑。"类似的讲解,让村民脑子里的弦越来越紧、让周边餐馆餐桌上的野味越来越少。

湿地管理中心还聘用了52名业余巡护员,进行整体的巡护。吴鹏坦言,因为湿地面积大,管理难度还是很大的。此前,天津市出台了《天津市湿地保护条例》,滨海新区制订了《北大港湿地自然保护区管理办法》,在政府和部门职责、保护区建设管理、生态补偿等方面进行强化。但很多工作仍需一步一步推进。

盛夏时节,站在北大港湿地,天气凉爽,海风徐徐吹来。湿地周边气温比同纬度的其他地区低2~3 ℃,空气湿度比远离湿地的其他地区高5%~20%。与我们同行的中国气象局公共气象服务中心总工程师朱定真说,水体对一个地方的温度、湿度都具有调节作用。如果对湿地生态系统悉心、科学地保护,湿地面积也会扩大,对下游地区的湿度、温度调节能力更佳。

美丽的北大港湿地
马井生 / 摄影

气象研究"献计"城市建筑节能

如果你认为城市建筑节能只是建筑学家和建材科学家的"活儿",那可就大错特错了。如今,我国的气象专家们也在为此出谋划策。

一项"气候变化对城市建筑能耗的影响及对策"的研究项目已在天津市气象局展开,那里的气象专家们试图建立气候变化对建筑能耗影响评估模型,分析气候变化对建筑节能用气象参数和建筑能耗的影响,从建筑设计和运行两个方面为节能减排献计献策。

建筑能耗"因气象而动"

建筑能耗与气象关系密切,一栋建筑从设计到使用是否节能,气象都起着关键性作用,室外气象参数直接决定着冬季供暖、夏季制冷能源消耗量。我国现行的建

天津气象部门在建筑节能等方面凸显服务亮点
庄白羽 / 摄影

筑节能设计标准都是基于1970—2000年作为统计期的历史气象数据计算制订的，这些气象数据已不能代表当前气候的状况及未来气候发展趋势。

"在气候变化的大背景下，建筑节能用气象参数发生了明显变化，同时城市'热岛效应'加剧了这些气象参数的变化。"该项目负责人、天津市气候中心副主任郭军对记者说。

郭军举例说："随着冬季平均气温的逐步升高，如果室外温度上升1.0 ℃，能源消耗需求就会相应减少约2.9%，但是按照目前的采暖期供暖标准，并没有考虑气候变暖的因素，显然会造成能源浪费。"

与此同时，气候变化也使夏季制冷期的能耗需求上升，且气象参数还会随着气候变化而继续改变，这对空调系统选型和运行安全也会产生一定影响，影响建筑节能整体效能。

定量评估科学实用

"我们通过定量评估气候变化和热岛效应对气象参数及能耗影响，计算设计负荷，得出如果建筑在设计、运行时考虑气候变化因素采暖，具有采暖总能耗3%～5%的气象节能潜力。"天津气候中心副主任李明财对记者说。

研究方法上，通过与天津大学等高校和科研机构合作，项目组先是用软件进行模拟，再用理论算法推演，算完之后开展理论应用。他们从北到南选取了哈尔滨、天津、上海、广州、昆明5个代表城市做气候区，将研究对象细分为居住建筑和公共建筑，居住建筑又选择了第一步节能、第二步节能和第三步节能建筑，公共建筑选取了商场、办公楼和场馆类建筑等，利用国际通用的瞬时能耗模拟软件（TRNSYS）模拟了各种建筑物逐小时采暖和制冷能耗。

"在能耗模拟软件中输入针对某栋大楼的建筑参数、传热系数等一系列固定参数，然后输入室外气象参数，通过软件的运行模拟，输出的就是理论能耗。"

李明财表示，软件模拟的是假定的建筑，存在一定的误差，还需用实测的数据进行校正。通过对各类建筑温湿度、供回水温度、流量等的实际监测，得出符合实际能耗情况的结论。

"该方法不但考虑了多种气象要素对城市建筑的影响，而且考虑了围护结构、通风性能、朝向等建筑参数影响。"李明财进一步解释，该研究与以往研究相比，不但比仅基于气温计算而得的数据更加准确，而且不考虑经济和人为因素的影响，更为客观地反映了气候变化的影响，研究成果更具有实用性和可操作性。

建筑节能对策得当

据统计，我国每年新增建筑面积达到18亿～20亿米^2，建筑能耗占社会终端能源总消耗的比例约为30%。随着城市化水平的提高，建筑能耗占比将进一步增加，而城市热岛效应愈加明显，城区与郊区、远郊及农村气候差异的加大，则进一步增加了节能气象研究与技术应用的潜力。

"在完成了气候变化对城市建筑能耗影响分析的前提下，我们对建筑节能手段给出了相应对策。"李明财认为，一是在建筑节能设计时，应根据当前及未来气候条件设定相应的气象参数；二是应改造提升建筑物的围护结构，注意提升在窗户、幕墙等建造过程中围护结构的整体保温性能，以达到降低建筑能耗对气候变化敏感性的目的；三是应重视自然通风，并将其视为最为有效的建筑节能技术之一，在今后的设计过程中充分考虑自然通风的因素，从而避免投资浪费。

"气候变化已是不争的事实，我们要利用现有的技术手段，不断提升应对气候变化的能力，为城市建筑节能、实现能源可持续发展提供有价值的参考信息。"郭军说。

2016年

天气预报精细到社区 绘制城市内涝区划图
—— 天津气象服务体贴入微

每条街道的老百姓,都能有"私人订制"的预报

"咱们南开区水上公园街道未来一小时内不会下雨,放心出门吧。"您能想到吗?这样贴心的预报不仅可以是邻里间的提醒,还可以出自精细化的天气预报预警系统。

记者采访中了解到,天津市"短时临近精细化定量降水交互预报综合平台"拥有分辨率为1千米的"眼睛",能实现城市气象灾害分区预警,对市内6个区每条街道6小时、3小时间隔进行天气预报。气象信息服务网站分为市、街道、社区三级,并建立街道后台管理平台,由街道服务站负责防灾减灾宣传信息发布和管理,实时发布基于街道位置的逐小时精细化天气预报及实况。

宜居城区
张忠贵 / 摄影

天津市突发公共事件预警信息发布中心主任周锦程表示，这一精细化预报系统从2015年12月开始试运行，如今已经覆盖全市6个区的全部784个社区。

有了洞察天气的"千里眼"，老百姓还需要"顺风耳"实时接收天气信息。为此，天津市气象局开发了"社区微天气"的移动互联网平台，人们利用手机等移动终端便可解决"未来10分钟会不会下雨""目前在下大雨，什么时候会停"等基于自己所在位置的问题。

除了常规预报，市民还能收到天气预警信息和风险评估。"我们有微博、微信、手机应用软件、短信等13种发布信息的手段。"周锦程说，"例如，短信属于主动提醒。橙色级别及以上的气象灾害预警，都会全网发布。为防止短信延迟导致个别市民接收不到，我们还想到了'托底'的法子。预警信息发布后，中心会第一时间告知街道负责人，由他们通知到各个社区的楼长，再由楼长提醒居民。信息落实到人，力求切实突破气象服务的'最后一公里'。"

观测站一角
庄白羽/摄影

2016年

天津市气象局预警信息中心主任周锦程介绍气象灾害防御工作
庄白羽/摄影

新技术的应用让气象服务更便民。天津市气候中心副主任郭军表示,由于天气状况和城市建设都在不断发展变化,未来,气象部门还需不断更新技术,以便对评估和预警系统做出及时修正。

不仅预报降水量,还能预报其影响及风险

郭军介绍,天津市在防内涝方面,也利用了自己"高分辨率"的预报系统。市气象局与市排水、市交管部门合作,对市内6区管网、主要承灾体及主要积水片分布进行了风险普查,绘制出全市及分区积水片区分布图。在天津市城市内涝仿真模型的基础上,将获取的140个内涝隐患点信息纳入数据集,再通过历史重现期分析,就能绘制出城市内涝风险区划图,并科学确定每个内涝隐患点的致灾临界雨量。

"以前,我们的预报只是某一区域是否有雨,降雨量为多少。而现在,我们能够通过城市内涝的仿真模型计算出这片区域可能出现多大面积的积涝。"周锦程举例道,假如预测下午市区会有突发性强对流天气,3小时内可达30毫米以上降水,

那么居民除了会收到预警信息，还能收到这30毫米降水量对自己所在社区的影响及风险的提醒，比如是否会导致路面积水、积水将达到什么程度等等。

不过，周锦程提出，对"最后一公里"的突破，是双向的。"希望老百姓能更关注气象科普，真正了解预警信息的含义，特别是不同的预警对自己而言意味着什么。我们努力做到预警信息'发得出'，让大家'收得'到，也希望大家主动了解气象知识，拿到预警信息之后才能'用得上'。"

郭军说："各种信息发布平台都留有跟居民互动的渠道，大家有什么不懂的可以随时反馈。各部门和市民共同努力，才能解决气象服务'最后一公里'的问题。"

—————— 2016年

以克论净，让垃圾走上"智能"路

在一个小区里，看不到垃圾车在各个点位上收集垃圾。所有垃圾通过地下管道进入垃圾输送系统，既简捷方便，还减少二次污染。这样的智能模式，就出现在中新天津生态城。

在这里，气动输送系统运转，让人开了眼界。你可以将家里的垃圾放到这个系统的投放口，此时，垃圾便顺着一条立管进入到地下水平管道；真空负压把垃圾从水平管道抽送到收集站；而后，垃圾再被调到集装箱，由压实机层层压实，最后被运走。

居民处理垃圾时只要注意进行分类，便可以到商店免费换取你想要的商品。智能垃圾分类，让生活更有序、更环保。

生态城住宅
中新天津生态城管委会/供图

"我现在手里拿着一堆矿泉水瓶，走到垃圾回收终端机旁，点击屏幕上的'瓶罐类'窗口，拿着自己办好的积分卡同时在机器上进行扫码，之后会得到一张带有二维码的纸条，这张纸条用于身份识别，也用于对垃圾种类的识别。"天津生态城环保有限公司运行管理部中心主管何鹏向记者演示了这一过程。在垃圾上贴码后，工作人员就会到终端机前将垃圾进行投放；垃圾回收人员再将其进行分类，先初步分拣，再进行细致分拣。这个过程结束后，积分便打入用户的积分卡中。用户持卡到社区的积分兑换店，可以兑换想要的商品。一个矿泉水瓶能积5分，这5分刚好值5分钱。

"对这个系统非常认可，参与度也很高。"使用这个智能系统的居民说。据了解，3月份，此地居民的积分达3万分，消费两万余元。

据了解，垃圾智能分类回收系统是一套通过智能终端设备、网络通信技术、手机应用软件及微信商城，实现生活垃圾智能分类回收、线上线下积分兑换的物联

生态城全景
中新天津生态城管委会/供图

系统。它按照"大分流、小分类"原则,对建筑垃圾、生活垃圾、园林垃圾、医疗垃圾等垃圾种类实行大分流,将生活垃圾按照可回收垃圾、有毒有害垃圾、厨余垃圾、大件垃圾、其他垃圾进行小分类,做到源头减量、分类收集、分类运输、综合处理。

这一切,都是"以克论净"的环卫工作监督管理手段在背后起作用,它正在治理大气污染、改善生态环境、落实清洁社区行动中"大行其道"。生态城针对不同区域、不同季节、不同点位、不同时间制订了不同标准的量化考核体系,利用大量检测数据衡量制订涵盖全面的考核指标体系及相对成熟的环境卫生管理服务标准。

另一个亮点,是环卫一体化保洁模式。"拿环卫作业来说,在别的地区,可能还在对环卫工作的各个环节进行拆分;而生态城的环卫作业,将道路扫保、绿地保洁、立面保洁、水域保洁、垃圾清运等进行一体化平台整合优化,避免了'交叉感染'。"何鹏说,如此,不仅提高了管理效率,同时也对机器设备进行充分利用。

第三站：宁夏

把"自然"还给自然
—— 白芨滩保护区见闻

宁夏回族自治区灵武白芨滩国家级自然保护区位于毛乌苏沙地边缘，处于灵武市境内的荒漠区域中，属于荒漠类型的生态保护区。

保护区地理位置特殊，与河东机场相毗邻，保护区里还有引黄灌区的农业主产区。这里地势东高西低，沟水均向西流入黄河，因此，它在保卫母亲河，维护河东机场的安全，使铁路、公路不被冲毁和沙埋方面起着不可替代的作用，同时它又是宁夏引黄灌区几十万公顷良田的天然屏障，对银川市生态环境的改善也起着积极的作用。

这片曾经无人搭理的一片荒漠，凭借政府的"一分种植，九分管护"的育林模式，取得了现在生态、经济效益双丰收的盈利。

记者采访白芨滩国家级自然保护区管理局局长王兴东
庄白羽／摄影

2016年

保护区内布满了整齐的草格
王敬涛 / 摄影

"7—9月是宁夏的雨季,每年的总降雨量不到200毫米。"白芨滩国家级自然保护区管理局局长王兴东告诉记者,"我们每年都充分利用宁夏雨季的时间,扎草格、播种子、点种子;在春秋季主要开展苗子的管理、整治。通过选播、营养带和植苗等保险措施,确保了治沙种苗的成活率。这样的模式下,当年植物的成活率可以达到80%以上;3年的覆盖率能达到50%以上。"

从2000年开始,沙漠边缘从西南方向向东北方向后退了20多千米。如今,白芨滩国家级自然保护区内流沙带的面积已经治理了2/3。"这里以前是一望无际的沙子，最大的问题是干旱和水土流失。通过我们的治沙，有了植物；有了植物，就慢慢地有了动物。"王兴东告诉记者，"毛乌素沙地和沙漠有区别，这片区域原本长有丰富的植物，却因为人为的因素成了沙漠。我们现在就是人工促进自然修复。"

如今，这里种植着以柠条为主的天然灌木林和以猫头刺为主的小灌木植被；这里的野生植物很多，占了宁夏回族自治区野生植物种数的43.3%，比如国家一级保护植物发菜，国家二级保护植物沙芦草；这里的国家级保护动物也很多，黑鹳、大鸨、鸢、大天鹅、鸳鸯，还有已列入《濒危野生动植物国际贸易公约》保护的有绿翅鸭、白琵鹭、猎隼等多种飞禽。

修复了生态环境，保护区的生态作用也日益凸显。"这里成为生态修复的自然空间，也是动植物的生存空间；保护区西边就是黄河、银川、吴中等，东边是工业基地，可以成为城市与工业基地之前的屏障；随着绿色力量的不断扩张，这里是固碳的重要'基地'，成为碳汇。"王兴东说。

除了生态的恢复之外，百姓也获得了实实在在的利益。"首先，沙漠退居到距离百姓居所30千米以外的地方，生存的环境得到了极大的改善。其次，农民田间的麦秸秆不再焚烧，可以直接拿到保护区扎成草格固定沙子；治沙需要大量人力，也给周围的居民提供了就业机会。第三，在参与治沙的过程中，周围居民、工业企业防沙治沙、环保的意识得到进一步增强，更加积极地参与治沙，形成了良好循环。"王兴东介绍道，"'携手共管、合作共建、和谐共享'是保护区提出的管理理念。"

如今，保护区内还有10多万亩的沙地没有开展治理。"这些沙地，我们不准备再进行人工干预，就让自然自己进行修复，期待大自然的力量。"王兴东说，"这也有重要的科研价值。"

2016年

贺兰山麓葡萄壮 馥郁果香醉人来

7月的塞上，阳光充沛。在宁夏回族自治区永宁县闽宁镇原隆村立兰酒庄的酿酒葡萄基地，青紫色的葡萄已经开始大面积挂果。这里是贺兰山东麓最优质小产区核心地带，占据着贺兰山脚下150公顷的理想缓坡，充满钙质的砂砾石土壤带给葡萄酒馥郁的果香。

宁夏贺兰山东麓葡萄酒产区位于北纬37°43′—39°23′，东经105°45′—106°47′，处于世界葡萄种植的黄金地带，东有黄河水自流灌溉，西有贺兰山天然屏障。产区日照充足，热量和矿物质丰富，土壤透气性好，昼夜温差大，降水量少，这些独特的气候和风土条件让这里成为种植酿酒葡萄最富活力和生产高端葡萄酒最具潜力的产区之一。

"美国《纽约时报》评选的全球2013年'必去'的46个最佳旅游地，宁夏和巴黎等世界著名旅游景区一起名列其中，入选理由是'在宁夏可以酿造出中国最好的葡萄酒'。在《世界葡萄酒地图》中，宁夏产区首次被收录其中。"自治区葡萄产业发展局副局长徐军接受记者采访时说，"宁夏产区已经成为国际葡萄酒界关注的热点地区。"

近年来，宁夏回族自治区党委、政府将发展葡萄酒产业作为宁夏扩大对外开放、建设宁夏内陆开放型经济试验区的重要载体，作为宁夏经济结构调整优化、转型升级的突破口，作为就业增收的民生工程，不断加大政策引导和扶持力度。截至2015年年底，全区葡萄种植面积达到61万亩，建设酒庄184个，综合产值达到166亿元。

"自治区气象部门将气象为特色产业发展服务作为四大任务之一，专门筹建了酿酒葡萄气象服务中心，为葡萄种植、葡萄酒产业发展提供精准气象服务，助力宁夏'紫色名片'走向全国乃至全世界。"自治区气象局党组书记、局长王鹏祥说。

葡萄种植对气象条件的依赖度非常高，春季怕霜冻，冬季怕冻害，开花坐果期害怕连阴雨和沙尘暴，成熟期和采收期最忌讳降水和高温。自治区气象局酿酒葡萄气象首席专家、正研级高级工程师张晓煜告诉记者，气象部门对贺兰山东麓酿酒葡萄种植进行了大量的试验研究，先后承担国家级项目3项，省部级项目5项，厅局级

葡萄园里青紫色的葡萄挂满枝头
王敬涛／摄影

项目3项，对贺兰山东麓酿酒葡萄气候形成机理、优质生态区划、气候品质认证、晚霜冻预报和防御技术、适宜放条期等进行研究，形成了酿酒葡萄"放条期气象条件分析""适宜采收期预测"等8种服务产品。

在立兰庄园，记者看到由自治区气象局和葡萄产业发展局共同合作设立的贺兰山东麓酿酒葡萄气象野外试验示范基地，分别安装了小气候观测站和实景观测系统，能够对葡萄园气象要素和生长发育及生产实景进行实时监测。"像这样针对葡萄产区的小气候观测站全区有5套，实景观测系统全区有3套，不仅能够实时观测，也能及时对酿酒葡萄生长面临的气象灾害进行监测和预警。"张晓煜说。

基地还摆设着多块展板，印有基本气候概况分析、基地功能区划、酿酒葡萄种植区2013—2015年平均气温分布图、降水分布图，以及立兰酒庄酿酒葡萄气候品质分析报告等信息。目前，该基地还开展了葡萄种植遮雨、防霜、放条、灌溉等方面的试验。

左上：自治区气象局酿酒葡萄气象首席专家张晓煜接受记者采访
庄白羽/摄影
右：贺兰山东麓酿酒葡萄气象野外试验示范基地
赖敏/摄影

气象部门精细化的服务受到了酒庄的欢迎,立兰酒庄专门为气象野外试验示范基地提供了办公场所。酒庄总经理邵青松向记者介绍,葡萄酒产区气象服务有两个关键点,一方面是种植区域的气象防灾减灾,另一方面是葡萄气候品质论证,帮助从气象角度去更深层次地了解自然条件与葡萄酿酒之间的相关性。

大棚外面设立的小气候观测站
赖敏/摄影

"七分原料，三分酿造。酿好每一瓶葡萄酒，都需要掌握更多积温、降雨量等方面的技术参数。"邵青松说，"这几年我们葡萄酒的品质提升很大，得益于我们在葡萄种植方面投入的大量研究工作，每一个小小技术点的改进都可以让葡萄酒品质提升一大步。"

随着宁夏"小酒庄、大产区"发展规模的不断壮大，气象服务也将持续跟进。"十三五"期间，自治区气象局专门制订了贺兰山东麓酿酒葡萄气象服务重点任务，包括开展酒庄小产区精细化区划、发展葡萄微气候监测与面上反演技术、光照对葡萄品质影响研究与光照控制示范、酿酒葡萄年份酒预测、贺兰山东麓产区葡萄年份评价等9项工作。"我们将通过试验示范带动整个贺兰山东麓酿酒葡萄酒产区气象服务能力的提升，技术成熟后还将为整个北方的葡萄种植产区开展气象服务。"张晓煜说。

沙坡头：从"魔鬼城堡"到"生态典范"的奇迹

在宁夏回族自治区境内黄河北岸，腾格里沙漠南面与黄河接壤的一片沙地平台上，有一个曾经名不见经传，后来却轰动世界的地方，这就是沙坡头。"大漠孤烟直，长河落日圆。"唐代大诗人王维的千古佳句就创作于此。

2016年7月27日，"绿镜头·发现中国"走进宁夏采访报道团来到沙坡头。这里面对黄河，背靠大漠，守着一片绿洲，护卫着身旁穿行而过的包兰铁路线。从20世纪风沙肆虐的"魔鬼城堡"到如今的全国"生态旅游典范"，沙坡头不仅创造了人类治沙史上的奇迹，也走出了一条生态旅游的科学发展之路。

沙坡头景区
庄白羽/摄影

一条铁路开启治沙之路　一格麦草成就沙漠绿洲

20世纪50年代以前，沙坡头曾是一片沉默在西北黄河边的沙地，被形容为"天上不飞一只鸟，地下不长一根草"的魔鬼城堡。"肆虐的风沙已经侵蚀到了当时相距仅不到一千米的中卫县城。如果再继续南下，整个中原地带全部会变成茫茫沙海。"沙坡头景区文化接待总监、中卫市作家协会主席杨富国向记者介绍。

新中国成立以后，国家要开辟西部大动脉，决定修建包兰铁路，几经考察调研后确定建设路线将途经沙坡头地区穿越腾格里沙漠。跨越大漠55千米的治沙之路由此开启。

"当时，世界上的沙漠铁路均以失败告终，沙坡头在早期的治沙中也并不顺利。"杨富国说，"工人在高大的流动沙丘上栽种的树时常被风沙吹倒，刚刚铺好的铁轨也在一夜之间被沙漠掩埋。"为了解决这一问题，人们通过大量的试验，最终采用了效果最好的麦草方格固沙法，利用废弃的麦草一束束呈方格状铺在沙上，再用铁锹轧进沙中，使麦草牢牢地竖立在沙地上。

在科技工作者和中卫固沙林场的职工们的共同努力下，由1米乘以1米的麦草方

沙坡头景区文化接待总监杨富国接受采访
庄白羽 / 摄影

格编成的巨网最终成功缚住了"沙龙"。不管风从哪个方向吹来，麦草方格都能够成功阻碍沙子的继续弹跳，最终在铁路两侧形成了各500米的治沙长廊。

1958年，包兰铁路在沙坡头胜利通车，创造了人类治沙史上的奇迹，结束了长久以来"沙逼人退"的困局，成为世界上第一条穿越沙漠的铁路。近百个国家和地区的专家学者以及政府官员专程来到沙坡头学习考察治沙成果，他们纷纷惊叹，只有中国人绣花的手才能织出如此美丽的画卷。

小小的麦草方格解决了几千年来人类破解不了的难题，沙坡头治沙成果也在20世纪被评为国家科技进步特等奖。

从"防沙固沙"到"玩沙用沙"，沙坡头成生态旅游典范

半个多世纪过去，曾经的"防沙固沙"变成如今的"玩沙用沙"，沙漠不再是"魔鬼城堡"，而是开始为人类造福。

如今，沙坡头不仅是国家级自然保护区，也是集大漠、黄河、高山、绿洲于一体，既具西北风光之雄奇，又兼江南景色之秀美的旅游胜地，被旅游界专家称为世界垄断性旅游资源。高处望去，巍巍祁连山横亘黄河之阴，浩瀚腾格里沙漠连绵黄河之阳，一水中分，形成一幅天然太极图，实现了黄河与沙漠、沙漠与绿洲、人类与自然的和谐共处。沙坡头已然成为这样一个生态旅游的典范。

"我们将自然景观、人文景观、治沙成果结合在一起，三位一体开展以不破坏环境为前提的生态旅游，在发展中保护，在保护中开发。"杨富国介绍。沙坡头景区明确了两个"不"，即不在景区核心区搞永久性建筑，以免破坏沙漠资源；不在景区搞工业，以免污染空气和地下水。

生态旅游还体现在环保领域的每一处细节。比如与污水处理厂长期签订合同，将旅游产生的废水进行统一处理；在每年7—8月的沙坡头旅游旺季，利用化粪池、吸粪车把游客的排泄物运送至生态果园林园作为有机肥料等。

气象科技服务始终跟进 为美丽生态保驾护航

在沙坡头生态旅游发展过程中，无论是气象监测、预报，还是生态环境改善，中卫市气象部门的气象科技服务始终跟进。市气象局先后在沙坡头区旅游南北区、

中卫市气象局副局长王卫东接受采访
庄白羽 / 摄影

金沙岛湿地、西部林场、腾格里沙漠湿地公园建立了多套自动气象站,对气温、气压、降水、风向风速、日照、辐射、沙面温度等要素进行系统监测,大大提高了旅游区气象要素的时间和空间监测精度。这些观测数据不仅为天气预报提供了基础,也为设立于此的沙坡头沙漠试验研究站开展一系列科学研究提供了便利。

在提高监测能力的基础上,市气象局开展了旅游区精细化天气预报,每天发布次数由2次增加到3次,时效从24小时提升到168小时,预报间隔由24小时缩短到12小时甚至6小时。"景区和游客都可以通过广播、电视、报纸、互联网、手机短信、微信公众平台等手段无偿获取这些预报信息。"中卫市气象局副局长王卫东告诉记者,"我们还推出了防晒指数、穿衣指数、滑沙指数等各类旅游气象指数预报,定期发布旅游气象服务专报。"

"对于游客而言,如果碰到了风沙天或者雨天将会大煞风景。因此,我们会根据气象部门提供的天气预报调整旅游服务策略。"杨富国说。比如在天气状况不好的风雨天,景区将重点开展休闲度假旅游服务;在天气晴好的时段,引导游客进行体验型项目,全面感受沙漠和黄河带来的乐趣。

西吉县脱毒种薯"成长记"

　　素有"中国马铃薯之乡"美誉的西吉县位于宁夏回族自治区南部，六盘山西麓，黄土高原中心地带。2016年7月28日，"绿镜头·发现中国"采访活动记者一行来到位于西吉县的宁夏佳立马铃薯产业园区，这里也是西北最大的马铃薯脱毒种薯繁育基地和交易中心。

　　走进繁育基地的智能调控温室，一股蕴含泥土芳香的凉爽气息扑鼻而来，与温室外面的炎炎烈日形成强烈对比。记者看到，这里成片的苗种整齐排列，风机、水帘等设施一应俱全，温室入口附近还悬挂着一个白色的温湿度监控仪器。

　　"脱毒种薯是指马铃薯种薯经过一系列技术措施清除薯块体内的病毒后，获得

左：种薯繁育中心主任何伟强向记者介绍种薯繁育
庄白羽/摄影
右：脱毒薯原原种近照
杨笑雯/摄影

的无病毒或极少有病毒浸染的种薯，具有早熟、产量高、品质好等优点。"宁夏佳立马铃薯产业有限公司种薯繁育中心主任何伟强向记者介绍，"脱毒种薯繁育体系分为三级，分别是脱毒薯原原种、原种、一级种的生产种植。这里便是一级种的繁育基地。"

何伟强拨开一株苗土，小心地掏出埋在里面的一个重量3克左右的圆形块茎。他告诉记者，这就是已经长成的马铃薯脱毒薯的原原种。通常情况下，这些原原种在繁育一年之后将移送至大田基地，繁育出重量25克左右的原种，之后再经过一年长成一级种，此时便可以交给农民去种植，实现产量最大化。

何伟强告诉记者，产业园区一级种繁育基地达1万亩，每亩地的一级种种植最后的产出效益大约是150~200千克马铃薯。记者由此算了一笔账，仅本园区每年就可生产出马铃薯150万~200万千克。当然，产业园区不仅能满足宁夏区内对脱毒种薯的需求，还能为全国马铃薯生产区提供优质的脱毒种薯。

原原种繁育过程对于温度和湿度等气象条件有一定要求，记者一进门看到的白色仪器便是能实时监控温度湿度状况的"神器"，为工作人员合理调控温室气象条件提供依据。"此外，我们在手机上接到气象部门的高温预警后，会提前将水窖里

左：繁育基地的智能调控温室
右：西吉县气象局气象服务人员杨彭怀接受采访
杨笑雯／摄影

储水供水帘进行循环，之后把风机和水帘同时打开，通过空气对流和水分蒸发降低室内温度。"何伟强说。

"原原种繁育的土壤是一种特殊的矿石，优点是不容易板结，长出来薯形也好看，缺点是无法保温。"何伟强说，"我们必须保证土壤温度在4~28 ℃之间，否则种子就会停止生长。气象局提供的地温实时监控数据就能帮助解决这个问题。"

原来，不仅仅是室内的温湿度监控仪器，建立在室外的8要素气象站也为脱毒薯繁育提供了重要的保障。西吉县气象局气象服务人员杨彭怀向记者介绍，这个气象站能对地面温度、降水、辐射、风向、土壤水分等8个气象要素进行实时监测。有了这些监测数据，基地的繁育工作人员心里也就有了底。

杨彭怀告诉记者，暴雨、大风、霜冻等天气对种薯发育影响较大，气象部门早期就来到基地开展调研，了解脱毒种薯繁育的气象服务需求，并与宁夏佳立马铃薯产业有限公司商定，制作了精细到旬的全年气象服务方案。同时还将该公司的中层骨干人员纳入重点气象服务名册中，将天气预警信息和决策服务材料等第一时间发布到他们手上。

2016年，宁夏佳立马铃薯产业园区室外大田种植面积为12000亩左右，其中8000亩为脱毒薯种植，预计收获开始时间为9月20日，持续时间45天。杨彭怀说，在此期间，气象部门将专门提供马铃薯收获期产业天气预报。下一步，气象部门还将在园区规划建设实景监测电子显示屏，实现繁育基地和大田的可视化监控，进一步提升气象科技服务特色种植产业的能力。

除此之外，市气象局还建立了立体化人工增雨防雹作业体系，为旅游区趋利避害、生态环境改善保驾护航。

"我们的光伏农业大棚对气象服务是非常依赖的。"赵永亮说，"这里地处贺兰山风口处，尤其担心大风、暴雨等天气。每次我们收到气象部门的大风预警信息，都会提前把大门关好，将大棚设施加固。此外，气象部门还根据光照时间、强度为我们的光伏产业进行发电量预报。"

2016年

第四站：陕西商洛

立足生态文明 商洛从山水中寻求发展

商洛地处秦岭腹地，"秦岭最美是商洛"的生态品牌早已在三秦大地唱响，然而以山地为主的自然条件和身为国家南水北调工程水源涵养区，承担"一江清水送北京"的重任，限制着商洛各方面的经济发展。

立足商洛实际情况，加快当地生态文明建设，既是破解资源环境制约的需要，也是调整经济结构、转变发展方式、推进经济社会可持续发展的必然选择。

依托得天独厚的自然资源与地理特点，商洛市打造了22个3A级以上的景区，除自然观光型景区外，还借助人文资源打造了漫川古镇、棣花古镇等人文景观。以景区建设同时带动扶贫、环境治理等工作的同步进行，已经在商洛的这片土地上被证明是行之有效的方式。

开发、扶贫、环保的三位一体

位于商洛市商州区腰市镇的江山村，是秦岭腹地的一个小山村。曾经的江山村如同诸多散落在秦岭腹地的小山村一样，环境闭塞、经济落后。2015年，商洛市着手打造8个美丽乡村示范村。江山村连同附近共5个村镇被纳入江山片区美丽乡村建设项目。

短短几个月时间，江山村便成了美丽乡村商州"样板"，少人问津的江山变成商州的一张"名片"。

不仅如此，依靠美丽乡村建设的强大推力，一系列涉及环保与扶贫的工作也随即展开。据腰市镇副镇长屈金亮介绍，在旅游基础设施建设过程中，该村的污水处理与垃圾处理项目也同步进行。

江山村目前已建成污水处理管网3千米，设计每天能够处理100吨污水，将于2016年9月投入使用，为该地区的居民及景区提供污水处理服务。处理过的污水还

洛南秋日
陈晓智 / 摄影

需经过沙层的再净化，达到排放标准才会进行自然排放，进入自然水域中。

同时，为解决该村贫困人口难题，江山村还引进光伏发电项目，即利用太阳能电池将太阳光转化为电量。该项目共涉及50户贫困家庭，通过投资入股的方式，由每户出资1万元，国家补贴2万元，共投资150万元建立了江山村的光伏发电项目。

屈金亮透露，该项目现已正式投入使用，于2016年8月10日并入国家电网，每年可给贫困家庭带来3000元的收益，而光伏发电项目一般可运行25年。

不仅如此，作为水源涵养区，当地17000亩的森林，早已全面禁止村民砍伐，并予以集中管护。在景区范围内也不允许养殖家禽，以免污染水源。

江山景区内的清洁员杨更印本是附近双戏楼村的干部，今年已60岁。从村干部的岗位上退休以后，2014年便开始在江山片区做清洁员的工作，每天工作9小时，将负责的路段保持得干净整洁。如杨更印一样的清洁员在江山片区共有11人，景区6千米路段每日的清洁与养护便是他们的工作，自从江山片区游客多起来后，他们每天需要处理2~3吨的垃圾。清洁员大多数人都是村里的贫困户，在解决就业问题的同时，更让他们欣喜的是自己家园的转变。

"绿色银行"带来的转变

除美丽乡村建设，也有乡镇通过发展种植核桃这种林地经济，实现了经济效益与生态效益的双赢。

在距离商洛市区3千米远的上河村，村民仅1400余人。2000年初，该村人均纯收入不足500元，当时2000年开始，上河村在党支部书记李彩凤的带领下，调整产业结构，发展特色经济，实施"千亩良种核桃示范园"计划，促进经济发展，实现农民增收。在过去的16年间，把上河村从一个烂摊子变成了百强村。1600多亩优质丰产核桃园被村民们亲切誉为"绿色银行"。

上河村还与商洛气象部门协作，在上河村建立了第一个村级气象预报服务站。通过新兴科技手段为农民提供全方位的气象服务，确保农民增产增收。

目前，商洛市核桃种植面积达到310万亩，年产量近8万吨，总产值28亿元，核桃面积、产量占陕西省1/3，位居全国地市级前茅。预计到2020年，全市良种核桃基地稳定在340万亩，年产量将达到20万吨，总产值将突破100亿元。

商州区上河村的"绿色银行"

2016年8月30日,在"绿镜头 发现中国"走进陕西系列采访活动中,采访团来到了距离商洛市城区3千米处的上河村。

商洛被誉为"中国核桃之都",这里得天独厚的气候条件造就了核桃优良的品质,同时也使这里成为我国最适宜核桃生长的地区。上河村是商洛市核桃产业发展的典型村。这个总人口609户2157人,总面积4.5千米^2,耕地面积仅有1910亩的小山村,优质丰产核桃园竟达到1600多亩,核桃种植面积占到全村耕地总面积的将近80%。截至采访,上河村村民年人均收入突破万元,远远高于周边村落的年人均5000元的收入。

上河村村民之所以能够走上脱贫致富的道路,离不开商洛市委、市政府注重打

冲洗去皮核桃
唐宇琨/摄影

造"中国核桃之都"的产业政策,同时,也离不开上河村的党支部书记李彩凤的正确引导。上河村在2000年之际,在村民人均坡塬地不足一亩的现有条件下,农民人均纯收入还不到500元,是当时商洛有名的贫困村。那一年,村党支部书记李彩凤开始率先带领党员干部走上发展核桃产业的道路,该村把发展核桃产业作为脱贫攻坚、富民兴村的主导产业来抓,坚持按照"支部标杆引领,党员包抓示范,协会带强产业"的发展思路,采取由党支部支委包抓5个责任片区、每名党员带头栽植5亩以上、有能力党员每人包抓5户村民栽种核桃的方法,建成了党员示范园300亩。

"发展核桃产业初期,为引导带动村民种植核桃,我带头在自家地里种植核桃,并挨家挨户做工作。但由于村民几千年的传统种植粮食习惯,难以改变,以至于大多数村民并不愿意由种植粮食改种核桃,甚至有村民认为我做的是'伤天害理'的事情,以至于一伙儿村民来到我家里强行将我储存的粮食夺走。"李支书讲述着她当初发展核桃产业的艰辛。

2008年,上河村注册成立了上河村核桃产业协会。协会按照"支部加协会加农户"的发展模式,以协会为龙头,以示范为手段,推广核桃综合科学管理技术,提高广大会员和栽植户科技致富的能力。

2012年,该村又成立了核桃专业合作社,注册资金达到130万元。合作社成立后,组建了技术、产销两支队伍,建成了集脱皮、烘干、包装、销售为一体的核桃加工厂,并在核桃园区建立了气象观测服务站,建成2.2千米产业路、2个生态农业供给点一级300亩的滴管设施,为产业抵御风险、增产提效奠定了坚实的基础。

该村生产的"上河源"核桃品牌通过了无公害产地、产品认证。现在,该村核桃产业的发展不仅使得本村群众受益,同时,还辐射带动了周边2个镇办发展良种核桃5万多亩,取得了良好的经济效益和社会效益。

一个人大代表的秦岭梦

2016年8月29日上午,在"绿镜头·发现中国"——走进陕西的座谈会上,省旅游局副局长徐明正讲述了一个故事。

这一次,徐明正的主题是秦岭。其实,这不是他第一次在公开场合讲述秦岭的故事。2009年3月,作为全国人大代表,徐明正在北京参加两会时,提出了"秦岭建成国家中央公园"的议案;5年后,徐明正再次递交了《关于请求国务院批准秦岭为国家中央公园的建议》的议案。5年间,徐明正还于秦岭太白山第二次开发启动会上,动情地作了一首"九寨归来不看水,五岳归来不看山。千山万水归来后,一往情深太白山"的诗,希望能对扩大秦岭知名度有所帮助。

对发展秦岭旅游的执着,很容易让人联想到他陕西省旅游局副局长的身份——这毕竟是他所属部门的工作。但这位从陇县副县长走到西安的曾经的农学学士却认真澄清:"不是我管旅游,我在旅游行业,就特别地强调旅游。"他对发展秦岭旅游问题上有着更深的思考。

徐明正思考的起点是秦岭的水源地保护。2015年,北京地区人民喝上了千里之外的黄河水,"桥梁"就是南水北调中线工程。从长江最大支流汉江中上游的丹江口水库东岸岸边引水,经长江流域与淮河流域的分水岭南阳方城垭口,沿唐白河流域和黄淮海平原西部边缘开挖渠道,在河南荥阳市王村通过隧道穿过黄河,沿京广铁路西侧北上,自流到北京颐和园团城湖。尽管这条输送路线很长,但仍能一下子看出:中线输水的源头就是丹江口水库,也就是地处陕西南部的秦岭南麓。

北京人民的饮水安全,要靠秦岭水源地;而陕西自己的关中城市群,现在也需要秦岭水源地。为了保障秦岭水源地的绝对安全,陕南主动放弃了大量工业发展机会,第二产业严重受限。

然而,这个区域的人民也要生存,还要和大家同步奔小康,那么,他们靠什么呢?徐明正得出的清晰结论是——旅游,就靠旅游资源的发展,靠绿色、环保产业的发展。

他说,绿色,在南方是不太"紧迫"的,在长江以南不需要"发现",那可到处都是。但在黄河以北,在西北地区,绿色马上成了一种稀缺资源,在这里,发现

洛南仓鹭
陈晓智 / 摄影

绿色就更有意义。

　　就是在缺绿的西北地区，深绿色的秦岭显得尤为珍贵。秦岭是中国的几何中心，是南北五大气候地理因素的分水岭，是植物、动物、资源的基因库。在全民旅游的时代，秦岭的优势是独一无二的，因为大家都将绿色作为休闲度假的第一选择。陕西关中城市群的人，周末都要到秦岭深处走；而在周边更多的城市群，秦岭也是旅游者首选的休闲度假好地方。而基础设施的改善，尤其是交通条件的改善，

镇安伯牙瀑
程卫红 / 摄影

则为大家提供了休闲度假旅游的更多可能。

"既然'发现中国'前面是'绿镜头',那就是发现中国什么地方有绿色,绿色对美丽中国有什么关系,对不断提高城乡人民生活水平有什么关系。"徐明正结合自己的理论,对"绿镜头·发现中国"做了一个"因地制宜"的解释。

江山村的生态经济学

2016年8月30日5点30分，60岁的杨更印卡着点准时起了床。洗漱、吃饭，换上橘红底带荧光条的工作马甲便出了门。

没几分钟，杨更印就到了一条宽阔平整的水泥马路上。赶在6点前，他在路旁的人行道上签了到，拿上一把扫帚、一个簸箕，便开始了一天的工作：在2千米的路段上出现的卫生纸、瓜果皮、饮料瓶子都要清扫干净，维持路面的清洁，以保证路两边大片的向日葵、马鞭草景观不被破坏。

杨更印的这些镜头放在任何一个城市里，都是再常见不过的。但不寻常的是，杨更印工作的地点是距离陕西省商洛市市区约50千米外的江山村。

在经济学中，早期的城市通过人口聚集、专业分工，劳动生产率提高，经济得到快速发展。而在这个地处秦岭腹地的山村，以南水北调水源保护为起点，通过发展旅游业，像杨更印这样原本只是种地的村民开始了多个"角色扮演"，开始享受到农村专业分工的红利。

江山村中，有一条大黄川河穿村而过。作为丹江南麓的源头，这条河在商州区汇入丹江。十几年前，国家开始了南水北调工程建设，其中，长江最大支流汉江中

商州美丽乡村江山村
阮世喜 / 摄影

上游的丹江口水库被确定为了中线工程的引水源。要保证南水北调水源安全，就要保证丹江水质的安全，追本溯源，大黄川河虽小，却要保证绝不能有污染。

保护大黄川的水质安全，江山村做了两件事：垃圾集中处理，森林集中管护。

江山村地处秦岭腹地，耕地面积不多，有970亩，森林面积则多达1.7万亩。"把森林保护好了，没有水土流失，水源自然就好了。"江山村村支书屈金亮介绍，为此，江山村统一将林地流转到了林场。砍树卖钱的现象没了，树林得到了集中管护。

然而，接下来的问题是，虽然林地流转都会按年给村民"租金"，但村民毕竟少了一块收入，从哪里补上呢？江山村的答案是——旅游。

2014年，江山村开始美丽乡村建设。峡谷、溶洞，薰衣草、向日葵……景观初步建设完成后，每到周末、各种节假日，在江山村里随处可以见到举着自拍杆的游人。一方面，村民可以参与景区建设，比如参与种植景观植物，按天领取工资；更重要的是，村里开始大量建设农家乐，而参建人和受益人正是村里的普通村民。

但随之又产生了一个问题：乡村游带来了不少数量的垃圾，大批农家乐及景区服务单位也产生了大量的污水，如此岂不是有悖保护水源地的初衷？

为了解决这两个问题，江山村又做了两件事——污水集中处理和专人处理垃圾。2016年，商州区政府投资120万元建设了一座污水处理厂，目前主管道和污水净化池已经收尾，子管网正在施工，预计9月底可以试运营。这座污水处理厂日处理量达100吨，目前江山村每天产生污水30吨，加上后期农家乐的污水量，污水问题完全能得到解决。

而请专人处理垃圾，在解决景区垃圾问题的同时又创造了江山村的一项新工种——环卫保洁。杨更印所在的保洁团队共11人，每天早上6点上班"打卡"，11点半下班，下午2点上班，6点下班，工资每月结一次，一年领12个月的工资，是名副其实的"职业人"。

8月30日下午，在通向江山村的马路上，路旁的向日葵正将脸转向了西边，杨更印拿着扫帚清扫着路面，张会婷正蹲在地里和同村人一起修剪万寿菊，而在村里，能看到一座座有着飞檐屋顶的农家乐人家……村民"各司其职"，为江山村旅游发展认真工作。

第五站：辽宁

重拾莲花湿地"生态瑰宝"

辽宁铁岭莲花湿地曾是辽河、柴河、凡河交汇处自然形成的温带洪泛平原沼泽湿地，2009年获批国家城市湿地公园，如今具有铁岭新城"绿肺"之美誉。

莲花湿地景区总面积1040公顷，南北长约5000米，东西宽约3500米。放眼望去，人工库塘、稻田、河流及小型湖泊等交织相扣，与天空中飞翔的鸟儿构成了一幅秋季黄昏下的天然生态美景。

铁岭莲花湖湿地
卞赟/摄影

曾经的莲花湖三面环水，山水秀丽，自然风光绮丽，历史文化深厚，具有浓郁的水乡风貌，是难得的生态瑰宝。然而，从20世纪80年代开始，这里遭受了严重的生态破坏。铁岭市旅游发展委员会副主任王永成介绍，一方面由于人们盲目围湿地造田，开垦荒地，过量施用化肥和农药，使湿地面积逐渐减少，水质明显下降，湿地功能逐渐丧失；另一方面，湿地由于多年接纳铁岭市南部排放的污水，湖水及底泥中污染物显著超标，使湿地的生物多样性遭到严重破坏，湿地水质已不能适应农业灌溉和渔业生产需求，同时也严重威胁该区域地下水及沈阳市饮水水源安全。

2006年，铁岭市政府开始进行莲花湿地生态恢复工作。湿地恢复工程以水质净化与生态保护相协调为设计理念，同时从鸟类栖息地环境需求出发，恢复湿地的适度规模和生态功能，突出湿地的自然生态特征和地域景观特色。历经三期湿地恢复工程，湿地处理后的水源保证了辽河干流北部水质达到四类水质，从而实现城市污水对辽河的"零排放"。

"生态恢复好了，鸟类也愿意在此驻足停歇，真正实现了人与自然、人与鸟类和谐相处。"王永成说。目前，莲花湿地现有237种植物和200多种野生动物，仅鸟类就达123种之多，同时还是丹顶鹤等一些国家重点保护鸟类的潜在停歇地。

经过10年的修复，目前莲花湿地形成了怡荷香园、鸳鸯璧合、湿地探秘、曲苑荷风等景点，成为汇集湿地文化、荷花文化、东北文化于一体，融合城市湿地、农耕湿地、文化湿地于一身的复合型湿地和多功能景区。"'十三五'期间，我们准备创建省级乃至国家级生态湿地度假区，使单一的观光旅游向休闲度假复合型旅游转变。"王永成说。

"三十年前的辽河，现在又回来了！"

2016年9月19日，记者来到辽宁最北端，探寻辽河的源头。生于福德店屯，长于福德店屯，又守护观测了37年"母亲河"的曹玉山，是辽河源头几十年环境变迁的见证者。

古人的"三十年河东"在年近花甲的曹玉山心中另有一种意味，今日治理过的辽河福德店段，就是他30年前见到的模样：两岸草木葱茏，鱼群忽隐忽现，野鸭徜徉其间。

站在10米多高的观河台上，曹玉山手指远方："你们看到的这段辽河，是来自吉林的东辽河和来自内蒙古的西辽河两条支流交汇而成的。这里不但是辽宁的边界地带，也是离铁岭市最远的地方。"

铁岭昌图福德店辽河源头
卞赟/摄影

退休前,曹玉山一直任辽河福德店水文站站长,负责观测水流和水质。未治理前,辽河曾一度被列为国家重度污染河流。对此,曹玉山记忆尤其深刻:每年春季刮三四级风时,人都无法在河边走,因为风卷起的沙土让人睁不开眼;夏天走在河边,常闻到河水里有农药的味道。

"污染主要来自两方面,一是来自上游支流的污染,'九五'期间,四平市小造纸厂、炼钢厂、玻璃厂等企业污水直排进河流,二是河边的地全种上农作物,农民使用的农药、化肥,顺着雨水都流进河里。双重甚至多重因素叠加,辽河在辽宁省的源头水质污染严重,鱼都很难生存,也不能吃了。"昌图县辽河保护管理局相关负责人解释说。

2008年起,辽宁省启动了保护"母亲河"的治理行动;2010年专门成立了辽河保护管理局,这也是全国唯一以河流为主线成立的河流保护管理局。这些年来,辽宁省各级政府建设了生态蓄水工程,采取了退耕还河等综合治理措施,在河的两岸栽植柳木、苜蓿等植被,用生态植被加固河床。经过持续的治理,2013年,辽河通过了国家五部委组织的联合检查测评,摘掉了重度污染的帽子。

如今,在辽河福德店屯这一源头段,河两岸500米以内草木繁茂,生长着几百种植物,河水水质达到四类水体标准,局部可达三类水体标准——可以进入水库供人饮用。

曹玉山讲起现在的辽河,喜悦之情溢于言表:"现在这里夏天有许多游人来玩,经常能看到有人搭帐篷在河边过夜。我印象中那个30年前的辽河,现在又回来了!"

盘锦湿地的生态密码

位于广阔的辽河入海口的盘锦湿地，不仅有金黄的稻浪、蓝色的海洋，还有碧绿的苇田和嫣红的碱蓬草所形成的湿地景观。2016年9月22日，"绿镜头·发现中国"采访组来到辽宁盘锦这个色彩绚丽的滨海城市。

盘锦湿地是我国海岸湿地的"北极"，由辽河、大辽河、大凌河等诸多河流冲积而成。盘锦独特的地理位置和气候条件，以及海陆交接的自然环境，孕育了丰富的湿地资源。该市共有各类湿地35.56万公顷。芦苇与潮间带滩涂为多种野生动物提

壮美静谧的红海滩
李根 / 摄影

供了适宜的生活环境。这里分布有野生动物443种,其中国家一级保护动物9种,二级保护动物44种。这里是全球黑嘴鸥最大面积的繁殖地,同时已经成为多种鸟类南北迁徙的重要驿站。

在这里,芦苇不仅是美丽的自然景观,也是湿地生态保护的一种重要植被。这里的芦苇"挺直腰杆"足有一米多,它们密密麻麻地排列着,形成一片壮观的"苇海"。在盘锦芦苇湿地生态监测站,中国气象局沈阳大气环境研究所副研究员贾庆宇告诉记者,盘锦湿地是我国面积最大的滨海芦苇湿地,也是我国乃至全球生态环境系统的重要组成。尤其在调节气候、涵养水源、均化洪水、促淤造陆、降解污染、吸收二氧化碳等方面发挥着不可替代的作用。研究发现,芦苇湿地的固碳速率约为每天2克/米^2,年平均净固碳量约24吨/公顷,相当于吸收了7.5吨标准煤燃烧排放的二氧化碳。

在辽河入海口,记者看到了因广袤生长的碱蓬草而形成的"红地毯"景观。滩涂上这片红装的"主角"叫翅碱蓬草,属藜科,一年生耐盐草本植物,一般生长在

沈阳大气环境研究所副研究员贾庆宇向记者介绍湿地生态监测工作
赖敏/摄影

海水和淡水交汇处的退海滩涂湿地或内陆盐碱地。每年4月，翅碱蓬草萌芽生长，初为嫩红，后来转深，到9月变紫，在总面积达20余万亩的辽河三角洲湿地中，孕育出一片片火红的壮美景象。

盘锦市湿地科学研究所副所长宋常站介绍，翅碱蓬草根系粗壮，能够促进海滩土壤脱盐，降解水质中大量污染物，扮演着盐碱地"拯救者"和污染物"清洁工"的角色，对海域生态安全起到重要作用。

据悉，从2011年开始，国家和地方政府高度重视推广翅碱蓬草的种植技术，盘锦市也针对海岸带退化和受损滩涂湿地进行了翅碱蓬植被的修复。曾经以"石化新城"崛起的盘锦，今天又站在了生态环境保护的前列。蓝天、碧水、绿苇、红滩正在吸引着越来越多的人的目光。

盘锦芦苇湿地生态监测站由盘锦市政府、市气象局和沈阳大气环境研究所于2003年共同投资建设，目前已成为集水源、土壤、气候、生态观测于一体的综合监测站。

现代生态农业的奥秘

"稻田养蟹"作为当前一种重要的生态农业模式，受到人们的关注。2016年9月21日，"绿镜头·发现中国"采访组一行赶往辽宁省盘锦市盘山县，实地探究当地以"稻田养蟹"为主体的现代生态农业发展"奥秘"。

秋季的盘山艳阳高照，秋风徐徐。在盘山县太平镇新村无公害河蟹生产基地里，黄澄澄的水稻随风摇曳，像给大地披上了柔软的金衣。稻田旁用于灌溉的水渠边缘，时不时蹿出几只在"嬉戏"的小河蟹。

据盘山县河蟹研究所所长陈卫新介绍，水稻和河蟹互利共生的立体生态养殖模式由盘山县首创。具体来说，水稻种植采用大垄双行、边行加密、测土施肥、生物防虫害等技术方法，实现了"一行不少、一穴不缺"，使养蟹稻田光照充足、病害少，减少了农药化肥的使用，保证了水稻产量和质量；河蟹养殖采用早暂养、早投饵、早入养殖田的方式，河蟹能清除稻田杂草，预防水稻虫害，其粪便又能提高土壤肥力。

在稻田与水渠中间的埝埂上，还顺势种植着一排大豆，也就是当地人常说的"埝埂豆"。陈卫新说，在稻田埝埂上种上大豆之后，稻、蟹、豆三位一体，并存共生，组成了一个多元化的复合生态系统，使土地资源利用最大化，同时形成了"一地两用、一水两养、一季三收"的高效立体生态综合种养模式，即"盘山模式"。

陈卫新介绍，稻田养蟹对气象服务有着较高的要求，温度、湿度、气压等都会对水稻和河蟹生长产生影响。例如，当遇到连阴雨天气时，气压偏低、湿度过大，河蟹容易缺氧，这就需要采取人工供氧措施；当夏天水温过高时，需要灌水以保持适宜水稻生长的温度；有时大风天会导致水稻倒伏或损坏稻田四周用于围蟹的塑料膜，需要人工措施进行补救。

在基地一角，用白色栅栏围起来的自动气象观测站映入眼帘。盘山县气象局局长徐静介绍，当地气象部门始终将"稻田养蟹"这一特色产业作为气象为农服务的重要抓手，不仅在种植基地建立自动观测站进行实时监测，同时定期制作气象服务专报。自动气象观测站的建立既为基地和农户养殖提供重要参考，也为研究单位开展科学研究提供科学依据。

上：沈阳沈北新区"稻"梦空间
马东雷／摄影
下：水稻和河蟹互利共生
李根／摄影

如今，"盘山模式"在盘锦乃至全国各地得到了推广。盘锦市在"稻田养蟹"的基础上又继续升级推广"稻、蟹、泥鳅鱼、埝埂豆"立体生态高效种养模式，实现"一水三养、一地四用、一季四收"。测算下来，该模式下一亩稻田收入可达2500元以上。

盘锦市粮食局副局长孙永义告诉记者，优质的盘锦大米和生态农业不仅提高了农民的收入，同时也顺应了供给侧改革。民以食为天，由传统农业向有着生态特色现代农业的转变正在为盘锦带来前所未有的发展机遇。